Avant-propos

À qui s'adresse ce livre ?

Ce livre s'adresse aux étudiants inscrits en première et deuxième années de licence à dominante économique ou tout autre licence contenant un enseignement de mathématiques. Certains chapitres peuvent être très utiles pour des disciplines comme les sciences physiques où le calcul intégral est très sollicité, ou bien comme l'économie où l'on emploie l'optimisation pour le calcul de minima ou de maxima.

Cet ouvrage ne constitue en aucun cas un cours de mathématiques mais un rappel des notions importantes ainsi que de certains points incontournables. Il rassemble les réponses aux questions que se posent le plus souvent les élèves.

Remerciements

Je tiens à remercier tous les élèves que j'ai pu avoir en séance de TD, ou en stages intensifs en petits groupes, ou bien encore en cours particulier. J'ai pu écrire ce livre grâce aux questions qu'ils se posaient en cours de mathématiques. Cet ouvrage regroupe les points du cours ainsi que les méthodes de raisonnement qui leur ont le plus fréquemment posé des problèmes de compréhension. J'espère apporter à tous les étudiants qui suivent un enseignement de mathématiques un support utile et pratique.

Bonne chance à tous pour les examens et partiels.

Abréviation

ssi : si et seulement si.

PRINCIPES
Collection dirigée par Annie REITHMANN

MATHÉMATIQUES

Virginie SPELLER

SOMMAIRE

PARTIE II

Introduction

Des conseils pour réussir son examen de mathématiques, des méthodes simples pour réussir

Allez en cours... et soyez attentif !

On ne vous le répétera jamais assez : pour acquérir de nouvelles connaissances, il faut aller en cours. Soyez attentif ! Maintenant que vous êtes dans la salle de classe, autant que cela vous serve : écoutez les explications de votre professeur. Tout le travail fait pendant les heures de cours sera du travail en moins à faire à la maison. Les acquis seront quant à eux plus solides et vous gagnerez du temps pour comprendre les nouvelles notions abordées dans les cours suivants.

Relisez vos notes après chaque cours

La relecture des notes prises en cours permet d'assimiler les nouvelles notions de manière durable et de mémoriser plus rapidement les formules et les applications. Cela donne aussi un aperçu sur les concepts qui restent incompris.

Posez des questions !

Lorsqu'une notion n'est pas comprise en classe, elle ne le sera pas plus tard. Il ne faut pas hésiter à poser des questions à votre professeur pendant le cours.
Avant chaque nouveau cours, prenez le temps de préparer des questions sur les points incompris.

Faites les exercices que votre professeur vous donne

Faire ses exercices permet de mettre en pratique les notions que vous avez vues pendant le cours. Cela vous donne une vision plus concrète de votre cours et vous montre « à quoi il sert ». En mathématiques, le cours se compose souvent des signes « somme », représenté par la lettre *sigma* majuscule, ou « produit », représenté par la lettre *pi* majuscule, avec bien souvent des indices allant d'un entier « *i* » ou « *j* » jusqu'à un autre entier « *n* ». Vous pouvez aussi trouver des lettres avec des indices ou des exposants, etc. Cela peut paraître quelque peu abstrait pour certains. C'est pourquoi dans les exercices vous avez une approche directe avec des exemples concrets et moins de signes abstraits. Et vous comprendrez d'autant plus facilement les règles et formules à connaître.

Faites des exercices en plus

Lorsqu'un exercice reste incompris, reprenez des exercices plus simples afin de saisir parfaitement le raisonnement à adopter dans un chapitre donné. C'est en faisant des exercices simples que vous réussirez à faire des exercices plus compliqués par la suite. Les exercices simples font souvent appel aux bases essentielles du cours et permettent de les mettre en pratique tout en vous les faisant apprendre. Ils vous guident vers la solution. Les exercices plus compliqués vous demandent un effort supplémentaire : en plus de maîtriser parfaitement votre cours et les méthodes de raisonnement, vous devez savoir « jongler » avec vos connaissances. Ils ne vous guident pas vers la solution, c'est à vous de dérouler un raisonnement clair et logique qui mène à la solution ; c'est pourquoi il est indispensable de passer par les exercices simples en premier.

Cours particuliers/stages intensifs de remise à niveau

Si vous n'arrivez pas à vous en sortir seul, vous pouvez aussi faire appel à des sociétés de cours particuliers à domicile. Mais attention, pas question de donner vos devoirs à faire à votre professeur ! Il est là pour vous aider, pas pour faire votre travail.
Cela peut être une bonne solution si vous n'osez pas poser des questions en cours, ou si vous avez des lacunes ou des incompréhensions, ou bien encore si vous estimez que vous avez besoin d'un suivi. Enfin, cette option est bien pratique dans la mesure où vous choisissez vos horaires et où vous ne vous déplacez pas.

Vous avez aussi la possibilité d'opter pour des stages intensifs de remise à niveau en petits groupes. L'avantage est que vous êtes en effectif restreint et que le professeur est plus disponible que dans une classe de quarante élèves. Vous pouvez également avoir une approche différente de la matière enseignée, puisqu'en général ces petits groupes se composent d'étudiants qui suivent la même formation mais issus d'établissements différents. L'inconvénient réside dans le fait qu'il y a les horaires du stage et le déplacement pour se rendre à l'endroit où il se déroule. Cela peut constituer une contrainte pour gérer les horaires du stage avec votre emploi du temps. Mais, en général, ces stages se déroulent en période de vacances scolaires.

Dernier conseil : ne vous y prenez pas au dernier moment !

Pour vos révisions, pour les cours particuliers ou les stages de remise à niveau, n'attendez pas la dernière minute ! Parce que vous avez besoin de temps pour assimiler de nouvelles connaissances et pour les appliquer dans les exercices. Réviser un partiel la veille n'a jamais mené à de bons résultats et augmente fortement le risque de passer les rattrapages !

Par ailleurs, prendre votre temps pour réviser peut vous permettre d'apprécier une matière dans son ensemble et de mieux la connaître. Si vous révisez la veille de votre examen, vous n'aurez qu'un vague aperçu des thèmes abordés : ce qui est dommage. Vous avez l'occasion de découvrir une discipline, d'approfondir des notions et d'acquérir de nouvelles connaissances, profitez-en !

Mais au fait comment apprend-on un cours ?

Écoutez en cours

Comprendre et apprendre le maximum de notions pendant le cours est essentiel. C'est du travail en moins à la maison. Le fait d'écouter les explications du professeur vous donne une idée précise de votre cours et des bases à connaître. Votre professeur vous donne des conseils et vous avertit des pièges à éviter dans la matière concernée.

Relisez vos cours régulièrement et faites des fiches

Une fois chez vous, relisez les notes prises en classe pendant la journée. Cela vous permet de mieux retenir les nouvelles formules ou théorèmes. Vous avez aussi une idée précise des points qui restent incompris.

Faites régulièrement des fiches en mettant le plus possible en valeur le plan de votre cours. Ce plan doit être détaillé au maximum. Cela vous donne une idée précise et claire de ce dont vos notes parlent. En amphi ou en TD, vous n'avez pas toujours le temps de prendre des notes soignées et vous êtes parfois plutôt face à un brouillon qu'à un cours. En faisant des fiches, vous remettez vos notes au propre et avez un cours esthétique avec un plan détaillé. N'hésitez pas à utiliser des couleurs : le titre en rouge, les premières parties en vert, etc.

Vous pouvez par exemple présenter vos fiches de la manière suivante :

TITRE

Introduction :
De quoi parle le cours ?
Quelles notions des années précédentes me sont utiles et indispensables ?
Quels livres mon professeur me conseille-t-il ?

I. Première partie
    1. Première sous-partie
        a. Première notion de la sous-partie
        b. Etc.
    2. Deuxième sous-partie
    3. Etc.
II. Deuxième partie
III. Etc.

Conclusion :
Ai-je bien compris tous les points ? Sinon, surlignez les points incompris.
Ai-je bien fait tous les exercices du TD et du cours ? Le minimum est de maîtriser ceux que vous avez faits en classe, mais c'est un minimum !
Vous avez fait la moitié du chemin pour apprendre votre cours... il ne vous reste plus qu'à le comprendre puis à le maîtriser !

Posez des questions sur les points qui sont incompris

Il est indispensable de poser des questions sur les points incompris. Sinon vous ne pouvez pas avancer dans votre apprentissage. Le fait de « bloquer » sur un point ou sur un exercice et de demander des explications par la suite au professeur permet de mémoriser de manière durable ces différents points.

N'oubliez pas les démonstrations !

On vous demandera rarement de réciter par cœur toute une démonstration, sauf dans les questions de cours. En revanche, dans les exercices de partiels ou d'examens, les méthodes utilisées dans les démonstrations sont très utiles !

C'est pour cela qu'il faut connaître les démonstrations parfaitement. Le raisonnement adopté pour démontrer un résultat du cours est bien souvent identique à celui qu'il faut dérouler pour la résolution des exercices. Le but est de savoir appliquer les méthodes et de « jongler » avec les formules dans différentes situations.

Pour cela, il faut faire des exercices, allant du plus simple au plus compliqué et ne pas hésiter à en faire cinquante. Le but est d'être parfaitement à l'aise le jour du partiel ou de l'examen.

Faites des exercices en plus et élargissez vos connaissances !

Vous pouvez également faire des exercices supplémentaires, en plus de ceux que vous traitez en TD ou en cours : cela vous donne d'autres exemples concrets et davantage d'applications pour bien maîtriser les techniques de raisonnement à adopter.

Rappels

Rappels préliminaires pour gagner du temps dans les exercices

Les 21 premiers carrés

$0^2 = 0$	$5^2 = 25$	$9^2 = 81$	$13^2 = 169$	$17^2 = 289$
$1^2 = 1$	$6^2 = 36$	$10^2 = 100$	$14^2 = 196$	$18^2 = 324$
$2^2 = 4$	$7^2 = 49$	$11^2 = 121$	$15^2 = 225$	$19^2 = 361$
$3^2 = 9$	$8^2 = 64$	$12^2 = 144$	$16^2 = 256$	$20^2 = 400$
$4^2 = 16$				

Quelques factoriels à connaître

$0! = 1$ par convention (ce résultat est admis et ne se démontre pas)
$1! = 1$
$2! = 2$
$3! = 6$
$4! = 24$
$5! = 120$

Quelques combinaisons à connaître

La formule générale pour calculer une combinaison est la suivante :

$C_n^p = n!/(p!(n-p)!)$.

On peut retenir quelques combinaisons pour gagner du temps.

$C_n^p = 0$ si $n < p$ (où n est un entier positif)

$C_n^0 = 1$ pour tout n entier naturel (positif)

$C_n^1 = n$ pour tout n entier naturel (positif)

$C_n^n = 1$ pour tout n entier naturel (positif)

$C_n^{n-1} = n$ pour tout n entier naturel (positif)

Formules de la somme des n premiers entiers, des n premiers entiers élevés au carré, au cube puis à la puissance 4

$$\sum_{k=1}^{n} k = n(n+1)/2$$

$$\sum_{k=1}^{n} k^2 = n(n+1)(2n+1)/6$$

$$\sum_{k=1}^{n} k^3 = n^2(n+1)^2/4 = \left(\sum_{k=1}^{n} k\right)^2$$

$$\sum_{k=1}^{n} k^4 = n(n+1)(2n+1)(3n^2+3n-1)/30$$

Formule pour calculer les racines d'une équation du second degré en x

On a une équation du type $ax^2 + bx + c = 0$.
On calcule le discriminant $\Delta = b^2 - 4ac$.

Trois cas interviennent :

• si $\Delta > 0$, alors le polynôme a deux racines réelles distinctes
$x_1 = (-b - \sqrt{\Delta})/2a$ et $x_1 = (-b + \sqrt{\Delta})/2a$;

• si $\Delta = 0$, alors le polynôme a une racine double
$x_0 = -b/2a$;

• si $\Delta < 0$, alors le polynôme n'a pas de racine réelle. Il a deux racines complexes conjuguées
$x_1 = (-b - \mathrm{i}\sqrt{\Delta})/2a$ et $x_2 = (-b + \mathrm{i}\sqrt{\Delta})/2a$.

Comment étudier le signe d'un polynôme ?

Si $\Delta > 0$, alors le polynôme est du signe de a à l'extérieur des racines et du signe de $-a$ à l'intérieur des racines.

Si $\Delta = 0$ ou si $\Delta < 0$, alors le polynôme est du signe de a.

Valeurs de quelques cosinus, sinus et tangente

Angle x	0	π/6	π/4	π/3	π/2	π	2π
cos x	1	$\sqrt{3}/2$	$\sqrt{2}/2$	1/2	0	–1	1
sin x	0	1/2	$\sqrt{2}/2$	$\sqrt{3}/2$	1	0	0
tan x	0	$1/\sqrt{3}$	1	$\sqrt{3}$	non définie	0	0

Quelques formules de trigonométrie à connaître

$\cos^2 a + \sin^2 a = 1$

$\cos(a+b) = \cos a \cos b - \sin a \sin b$

$\cos(a-b) = \cos a \cos b + \sin a \sin b$

$\sin(a+b) = \sin a \cos b + \sin b \cos a$

$\sin(a-b) = \sin a \cos b - \sin b \cos a$

À partir de ces formules on déduit :

$\cos(2a) = \cos^2 a - \sin^2 a$

$\sin(2a) = 2 \sin a \cos a$

$\cos(0) = 1$

$\sin(0) = 0$

En effet :

$\cos(2a) = \cos(a+a) = \cos a \cos a - \sin a \sin a = \cos^2 a - \sin^2 a$

$\cos(0) = \cos(a-a) = \cos a \cos a + \sin a \sin a = \cos^2 a + \sin^2 a = 1$

$\sin(2a) = \sin(a+a) = \sin a \cos a + \sin a \cos a = 2 \sin a \cos a$

$\sin(0) = \sin(a-a) = \sin a \cos a - \sin a \cos a = 0$

Pour l'expression de $\cos(2a)$, en utilisant le fait que $\sin^2 a + \cos^2 a = 1$, on peut aussi écrire que :

$\cos(2a) = (1 - \sin^2 a) - \sin^2 a$ en remplaçant $\cos^2 a$ par $1 - \sin^2 a$

$\cos(2a) = 1 - \sin^2 a$

$\cos(2a) = \cos^2 a - (1 - \cos^2 a)$ en remplaçant $\sin^2 a$ par $1 - \cos^2 a$

$\cos(2a) = 2\cos^2 a - 1$

PARTIE I

ANALYSE

1. Fonctions d'une seule variable

Étude de fonction

Plan d'une étude de fonction

Déterminer l'ensemble de définition de la fonction

Il faut respecter les règles principales :
- on ne peut pas diviser par le nombre 0 ;
- on ne peut pas calculer la racine d'un nombre négatif ;
- on ne peut pas calculer le logarithme d'un nombre négatif ou nul.

L'ensemble de définition permet d'affirmer ou non si deux fonctions f et g sont égales :
Deux fonctions f et g sont égales ssi elles ont la même expression en fonction d'une variable x et ssi elles ont le même ensemble de définition.

$f = g$ ssi : $f(x) = g(x)$ et $D_f = D_g$

Parité d'une fonction

Si $f(-x) = f(x)$ alors f est paire et sa courbe représentative est symétrique par rapport à l'axe des ordonnées (Oy).
Si $f(-x) = -f(x)$ alors f est impaire et sa courbe représentative est symétrique par rapport à l'origine O du repère.
Si $f(-x)$ n'est ni égale à $f(x)$ ni égale à $-f(x)$, alors f n'est ni paire ni impaire.

Périodicité de la fonction

f est périodique de période T ssi $f(x + \mathrm{T}) = f(x)$

Limite aux bornes de l'ensemble de définition de f et déduction des éventuelles asymptotes

Si $\lim f(x) = a \in \mathbb{R}$ lorsque x tend vers plus ou moins l'infini, alors f admet une asymptote horizontale d'équation $y = a$.

Si $\lim f(x) = \pm\infty$ lorsque x tend vers un réel a, alors f admet une asymptote verticale d'équation $x = a$. En général, ce point est un point où f n'est pas définie.

Sens de variations de la fonction f

On le détermine à partir du signe de la dérivée $f'(x)$.
Si $f'(x) > 0$ alors f est strictement croissante.
Si $f'(x) < 0$ alors f est strictement décroissante.
Si $f'(x) = 0$ alors f est constante.

Tableau de variations de f

x	$-\infty$ $+\infty$
$f'(x)$	Signe de $f'(x)$
f	Sens de variations de f

Équation de la tangente en un point $A(x_A, y_A)$

$$y = f(x_A) + (x - x_A)f'(x_A)$$

Remarque : Si $f'(x_A) = 0$, la courbe de la fonction f admet une tangente horizontale au point de coordonnées $(x_A, f(x_A))$.

Graphe de la fonction f

Pour cela, il est conseillé de tracer d'abord les asymptotes, les tangentes, etc. Éventuellement, il est possible d'établir un tableau de valeurs pour plus de précision.

Fonctions usuelles

Fonctions affines $x \rightarrow y = ax + b$

La représentation graphique d'une fonction affine est toujours une droite.
f est définie pour tout réel x : $D_f = \mathbb{R}$

$f(x) = ax + b$
$f'(x) = a$
$f'(x) > 0$ ssi a est strictement positif et, dans ce cas, f est strictement croissante.
$f'(x) < 0$ ssi a est strictement négatif et, dans ce cas, f est strictement décroissante.
$f'(x) = 0$ ssi a est nul et, dans ce cas, f est constante et sa représentation est une droite horizontale.

Cas particuliers :

Fonctions $x \rightarrow y = ax$

Il s'agit d'une fonction proportionnelle (ou linéaire), c'est-à-dire une droite qui passe par l'origine du repère.
f est définie pour tout réel x : $D_f = \mathbb{R}$
$f(x) = ax$
$f'(x) = a$
$f'(x) > 0$ ssi a est strictement positif et, dans ce cas, f est strictement croissante.
$f'(x) < 0$ ssi a est strictement négatif et, dans ce cas, f est strictement décroissante.
$f'(x) = 0$ ssi a est nul et, dans ce cas, f est constante et sa représentation est une droite horizontale.

Fonctions $x \rightarrow y = \mathrm{b}$

Il s'agit d'une fonction affine représentée par une droite horizontale.
f est définie pour tout réel x : $D_f = \mathbb{R}$
$f(x) = b$
$f'(x) = 0$
f est constante et sa représentation est une droite horizontale.

Applications $x = a$

Il ne s'agit pas d'une fonction.
Elle est représentée par une droite verticale.

Fonction inverse $x \to 1/x$

Elle est définie pour tout x différent de 0 : $D_f = \mathbb{R}^*$.
$f(-x) = 1/(-x) = -1/x = -f(x)$ et f est impaire. Sa courbe représentative est symétrique par rapport à l'origine 0 du repère.
$f(x) = 1/x$
$f'(x) = -1/x^2$
$f'(x) < 0$ et f est strictement décroissante sur $\mathbb{R}^*$.

Fonction carrée $x \to x^2$

Elle est définie pour tout x de $\mathbb{R}$: $D_f = \mathbb{R}$.
$f(-x) = (-x)^2 = x^2 = f(x)$ et donc f est paire. Sa courbe représentative est symétrique par rapport à l'axe des ordonnées.
$f(x) = 2x$
$f'(x) = 2$
$f'(x) > 0$ et f est strictement croissante sur $\mathbb{R}$.

Fonction cubique $x \to x^3$

Elle est définie pour tout x de $\mathbb{R}$: $D_f = \mathbb{R}$
$f(-x) = (-x)^3 = -x^3 = -f(x)$ et donc f est impaire. Sa courbe représentative est symétrique par rapport à l'origine 0 du repère.
$f(x) = x^3$
$f'(x) = 3x^2$
$f'(x) > 0$ et f est strictement croissante sur $\mathbb{R}$.

Fonction racine carrée $x \to \sqrt{x}$

Elle est définie pour tout x de $\mathbb{R}^+$: $D_f = \mathbb{R}^+$
$f(x) = \sqrt{x}$
$f'(x) = 1/(2\sqrt{x})$
$f'(x) > 0$ et f est strictement croissante sur $\mathbb{R}$.
Il est important de retenir que la fonction racine est définie en $x = 0$ mais n'est pas dérivable en $x = 0$.

Fonction logarithme népérien $x \rightarrow \ln x$

Elle est définie pour tout $x > 0$, c'est-à-dire, pour tout x de $\mathbb{R}_+^*$: $D_f = \mathbb{R}_+^*$
$f(x) = \ln x$
$f'(x) = 1/x$
$f'(x) > 0$ (car $x > 0$ par définition de f) et f est strictement croissante sur $\mathbb{R}$.

Valeurs et limites à connaître :
$\ln 1 = 0$
$\ln e = 1$

Pour tous réels a et b strictement positifs, on a :
$\ln(a \times b) = \ln a + \ln b$
$\ln(a/b) = \ln a - \ln b$
$\ln(1/a) = \ln 1 - \ln a = 0 - \ln a = -\ln a$

La fonction logarithme népérien est la fonction réciproque de la fonction exponentielle et ainsi :
$\ln e^x = e^{\ln x} = x$

Limites :

$$\lim_{x \rightarrow 0^+} \ln x = +\infty$$

$$\lim_{x \rightarrow +\infty} \ln x = +\infty$$

Signe de $\ln x$ sur $]0, +\infty[$

x	0		1		$+\infty$
$\ln x$		$-$	0	$+$	

Fonction exponentielle $x \rightarrow e^x$

Elle est définie pour tout x de $\mathbb{R}$: $D_f = \mathbb{R}$
$f(x) = e^x$
$f'(x) = e^x$
$f'(x) > 0$ (car une exponentielle est toujours positive strictement) et f est strictement croissante sur $\mathbb{R}$.

Valeurs et limites à connaître :
$e^0 = 1$ (un nombre élevé à la puissance 0 est toujours égal à 1)
$e^1 = e \approx 2{,}71$ (un nombre élevé à la puissance 1 reste lui-même)

Pour tous réels a et b, on a :
$e^{a+b} = e^a \times e^b$
$e^{a-b} = e^a/e^b$
$e^{-a} = 1/e^a$

La fonction exponentielle est la fonction réciproque de la fonction logarithme népérien et ainsi :
$e^{\ln x} = \ln e^x = x$

Limites :
$\lim_{x \to -\infty} e^x = 0^+$
$\lim_{x \to +\infty} e^x = +\infty$

Point sur les fonctions du type a^x et x^a

Il est indispensable pour ces deux fonctions d'effectuer le passage à l'exponentielle.

$f(x) = a^x = e^{x\ln a}$, avec $a > 0$

Ainsi, il est aisé de déterminer l'ensemble de définition de f. Elle est définie pour tout x de $\mathbb{R}$: $D_f = \mathbb{R}$.
$f'(x) = \ln a \times e^{x\ln a}$
$e^{x\ln a} > 0$ car une exponentielle est toujours positive.
Ainsi le signe de $f'(x)$ dépend du signe du terme $\ln a$.

Attention ici au calcul de la dérivée : ne pas écrire $f'(x) = xa^{x-1}$ car a n'est pas la variable !
x est la variable tandis que a est une constante. C'est pourquoi le passage à l'exponentielle est indispensable.

$f(x) = x^a = e^{a \ln x}$

Le passage à l'exponentielle est indispensable ici pour déterminer l'ensemble de définition. La fonction logarithme népérien implique que $x > 0$.

$D_f = \mathbb{R}_+^*$.

Le passage à l'exponentielle n'est pas obligatoire pour le calcul de la dérivée car la variable est bien x.

$f'(x) = ax^{a-1}$

En passant à l'exponentielle on a : $f(x) = e^{a\ln x}$ et donc :

$f'(x) = (a/x)e^{a\ln x} = (a/x)x^a = ax^{a-1}$.

Et on retrouve bien le résultat précédent.

Le signe de la dérivée dépend du signe de a et ainsi on peut conclure que :

- si $a > 0 : f'(x) > 0$ et donc f est strictement croissante dans ce cas ;
- si $a < 0 : f'(x) < 0$ et donc f est strictement décroissante dans ce cas.

Point sur les valeurs absolues

Propriétés et fonction valeur absolue $x \to |x|$

Propriétés :

$|x| = x$ si $x > 0$

$|x| = -x$ si $x < 0$

La valeur absolue d'un nombre renvoie à sa valeur positive. Par exemple $|2| = 2$, $|-6| = 6$, etc. La valeur absolue est très utile dans le cas de calcul de distances par exemple, car une distance n'est jamais négative.

Fonction valeur absolue : $x \to |x|$

Soit $f(x) = |x|$

Il est indispensable d'écrire f sans la valeur absolue pour l'étudier.

$f(x) = |x| = x$ si x est positif.

$f(x) = |x| = -x$ si x est négatif.

Et pour la dérivée on obtient :

$f'(x) = 1$ si x est positif.

$f'(x) = -1$ si x est négatif.

Ainsi, sa représentation graphique est celle de la droite $y = -x$ pour $x \in\ ]-\infty\ ; 0]$ et de la droite $y = x$ pour $x \in [0\ ; +\infty[$.

Inégalités triangulaires

$|x + y| \leqslant |x| + |y|$

$|x| - |y| \leqslant |x - y|$

Exemple d'écriture de termes d'une fonction sans valeurs absolues

Lorsqu'une fonction est écrite avec des valeurs absolues, il est indispensable de la réécrire sans valeur absolue.

$f(x) = |x + 3| + |2x - 1| - |x - 2|$

On étudie le signe de chaque terme en valeur absolue :

$|x + 3| = x + 3$ si $x > -3$

$|x + 3| = -x - 3$ si $x < -3$

$|2x - 1| = 2x - 1$ si $x > 1/2$

$|2x - 1| = -2x + 1$ si $x < 1/2$

$|x - 2| = x - 2$ si $x > 2$

$|x - 2| = -x + 2$ si $x < 2$

Puis on les répertorie dans un tableau :

x	$-\infty$ -3	$1/2$	2	$+\infty$
$\|x + 3\|$	$-x - 3$	$x + 3$	$x + 3$	$x + 3$
$\|2x - 1\|$	$-2x + 1$	$-2x + 1$	$2x - 1$	$2x - 1$
$\|x - 2\|$	$-x + 2$	$-x + 2$	$-x + 2$	$x - 2$
$f(x)$	$-2x$	2	$4x$	$2x + 4$

Et ainsi :

$f(x) = -2x$ si $x \in]-\infty ; -3]$

$f(x) = 2$ si $x \in [-3 ; 1/2]$

$f(x) = 4x$ si $x \in [1/2 ; 2]$

$f(x) = 2x + 4$ si $x \in [2 ; +\infty[$

Composition de fonctions de la forme $f \circ g(x) = f(g(x))$

Le but est de remplacer le « x » de $f(x)$ par l'expression de $g(x)$. Le « x » de $f(x)$ devient $g(x)$.

Exemples :

$f(x) = \sqrt{x}$
$g(x) = 2x + 1$

Alors :

$$f \circ g(x) = f(g(x)) = f(2x + 1) = \sqrt{(2x + 1)}$$

$f(x) = \ln x$
$g(x) = 1/x$

Alors :

$$f \circ g(x) = f(g(x)) = f(1/x) = \ln(1/x) = -\ln x$$

$f(x) = e^x$
$g(x) = \ln x$

Alors :

$$f \circ g(x) = f(g(x)) = f(\ln x) = e^{\ln x} = x$$

Le point sur les limites

Opérations sur les limites et formes indéterminées

Addition	$+\infty$	$-\infty$	**0**
$+\infty$	$+\infty$	Forme indéterminée	$+\infty$
$-\infty$	Forme indéterminée	$-\infty$	$-\infty$
0	$+\infty$	$-\infty$	0

Soustraction	$+\infty$	$-\infty$	**0**
$+\infty$	Forme indéterminée	$+\infty$	$+\infty$
$-\infty$	$-\infty$	Forme indéterminée	$-\infty$
0	$-\infty$	$+\infty$	0

Multiplication	$+\infty$	$-\infty$	**0**
$+\infty$	$+\infty$	$-\infty$	Forme indéterminée
$-\infty$	$-\infty$	$+\infty$	Forme indéterminée
0	Forme indéterminée	Forme indéterminée	Forme indéterminée

Division	$+\infty$	$-\infty$	**0**
$+\infty$	Forme indéterminée	Forme indéterminée	Forme indéterminée
$-\infty$	Forme indéterminée	Forme indéterminée	Forme indéterminée
0	Forme indéterminée	Forme indéterminée	Forme indéterminée

Terme de plus haut degré

En + ou – l'infini, la limite d'un polynôme de degré *n* est la limite du terme de plus haut degré.

Voici quelques exemples de calculs de limites avec l'utilisation du terme de plus haut degré.

1er exemple :

$$\lim_{x \to +\infty} -3x^2 + x + 1 = \lim_{x \to +\infty} -3x^2 = -\infty$$

2e exemple :

$$\lim_{x \to \pm\infty} (x^3 + x^2 + x + 1)/(2x^3 + 2x^2 + 4x + 5) = \lim_{x \to \pm\infty} x^3/2x^3 = 1/2$$

On déduit de cette limite que la courbe de la fonction :
$x \to (x^3 + x^2 + x + 1)/(2x^3 + 2x^2 + 4x + 5)$
admet une asymptote horizontale d'équation $y = 1/2$.

3e exemple :

$$\lim_{x \to \pm\infty} (3x^2 + x + 1)/(x^3 + 2x^2 + 3x + 1) = \lim_{x \to +\infty} 3x^2/2x^3 = \lim_{x \to +\infty} 3/2x = 0$$

On déduit de cette limite que la courbe de la fonction :
$x \to (3x^2 + x + 1)/(x^3 + 2x^2 + 3x + 1)$
admet une asymptote horizontale d'équation $y = 0$ (axe des abscisses).

Trouver une limite en calculant les racines des polynômes

Par exemple comment calculer la limite de $f(x) = (x^2 - x - 6)/(x - 3)$ lorsque x tend vers 3 ?

En remplaçant x par 3, on trouve :

$$\lim_{x \to 3} f(x) = (3^2 - 3 - 6)/(3 - 3) = 0/0$$

ce qui est une forme indéterminée.

On calcule alors les racines du polynôme situé au dénominateur et celles du polynôme situé au numérateur :

$x^2 - x - 6$:

$\Delta = (-1)^2 - 4 \times (1) \times (-6) = 1 + 24 = 25 > 0$

$\Delta > 0$ donc ce polynôme a deux racines réelles :
$x_1 = (1-5)/2$ et $x_2 = (1+5)/2$
Soit : $x_1 = -2$ et $x_2 = 3$

Le polynôme se factorise donc sous la forme :

$x^2 - x - 6 = (x+2)(x-3)$

Le dénominateur n'a pas besoin d'être factorisé ici, il est déjà sous la forme d'un polynôme de degré 1 et se simplifie aisément avec le numérateur.

Ainsi, $f(x) = (x^2 - x - 6)/(x-3) = ((x+2)(x-3))/(x-3) = x+2$
en simplifiant par $x - 3$

D'où :

$$\lim_{x \to 3} f(x) = \lim_{x \to 3} (x+2) = 3 + 2 = 5$$

Quantité conjuguée

Lorsque l'on a des limites de racines à calculer, il est judicieux de multiplier par la quantité conjuguée.

Par exemple :

$$\lim_{x \to +\infty} \sqrt{(x^2+1)} - \sqrt{(x^2+3)} = +\infty - \infty$$

ce qui est une forme indéterminée.

On multiplie et on divise alors par la quantité conjuguée :

$\sqrt{(x^2+1)} + \sqrt{(x^2+3)}$,

ce qui donne :

$$\lim_{x \to +\infty} \sqrt{(x^2+1)} - \sqrt{(x^2+3)} =$$

$$\lim_{x \to +\infty} (\sqrt{(x^2+1)} - \sqrt{(x^2+3)}) \times (\sqrt{(x^2+1)} + \sqrt{(x^2+3)})/(\sqrt{(x^2+1)} + \sqrt{(x^2+3)})$$

Ainsi, après calculs :

$$\lim_{x \to +\infty} (\sqrt{(x^2+1)} - \sqrt{(x^2+3)}) = \lim_{x \to +\infty} (x^2 + 1 - x^2 - 3)/(\sqrt{(x^2+1)} + \sqrt{(x^2+3)})$$

$$\lim_{x \to +\infty} (\sqrt{(x^2+1)} - \sqrt{(x^2+3)}) = \lim_{x \to +\infty} (-2)/(\sqrt{(x^2+1)} + \sqrt{(x^2+3)})$$

Or :

$$\lim_{x \to +\infty} (\sqrt{(x^2+1)} + \sqrt{(x^2+3)}) = +\infty + \infty = +\infty$$

Ainsi :

$$\lim_{x \to +\infty} (\sqrt{(x^2+1)} - \sqrt{(x^2+3)}) = -\infty$$

Taux de variations

Pour le calcul de certaines limites, il est intéressant d'utiliser la limite du taux de variations d'une fonction f en un certain point. Cela donne le nombre dérivé de f en ce point.

$$\lim_{x \to a} (f(x) - f(a))/(x - a) = f'(a)$$

Par exemple : comment calculer la limite de $\ln x/(x-1)$ lorsque x tend vers 1 ?

$$\lim_{x \to 1} \ln x/(x-1) = \ln 1/(1-1) = 0/0$$

ce qui est une forme indéterminée.

On pose alors $f(x) = \ln x$ et on remarque que $\ln 1 = 0$. Ainsi, on peut écrire $\ln x = \ln x - \ln 1 = f(x) - f(1)$.
Ainsi, l'expression $\ln x/(1-x)$ est le taux de variations de la fonction $f(x) = \ln x$ au point 1. Et sa limite lorsque x tend vers 1 est alors le nombre dérivé de f en 1 noté $f'(1)$.

D'où :

$$\lim_{x \to 1} \ln x/(x-1) = \lim_{x \to 1} (f(x) - f(1))/(x-1) = f'(1)$$

Or $f'(x) = 1/x$, donc $f'(1) = 1/1 = 1$

Et finalement :

$$\lim_{x \to 1} \ln x/(x-1) = 1$$

Développements limités

Les développements limités sont abordés dans la partie suivante et leur utilisation pour le calcul des limites est détaillée plus loin.

Développements limités

Développement limité d'ordre n

Le développement limité d'une fonction f en un point a à l'ordre n, noté DLn(a) s'écrit :
$f(x) = f(a) + (x-a)f'(a) + ((x-a)^2/2!)f''(a) + \dots + ((x-a)^n/n!)f^n(a)$ + reste

Où :

Les dérivées successives de f

$f^n(a)$ désigne la dérivée n^ième^ de f au point a.

$f''(a)$ désigne la dérivée seconde de f au point a.

$f'(a)$ désigne la dérivée de f au point a.

***n* factorielle**

$n! = n \times (n-1) \times (n-2) \times \dots \times 2 \times 1$

Par exemple, voici quelques factorielles :
$5! = 5 \times 4 \times 3 \times 2 \times 1 = 120$
$4! = 4 \times 3 \times 2 \times 1 = 24$
$3! = 3 \times 2 \times 1 = 6$
$2! = 2 \times 1 = 2$
$1! = 1$
$0! = 1$ par convention

Le reste est noté différemment suivant les enseignements et les filières.

Le reste peut être noté $O((x-a)^n)$, ou bien $\varepsilon((x-a)^n)$ où $\varepsilon(x-a)$ tend vers 0 lorsque x tend vers a.

Un conseil :
Optez pour la notation de votre professeur !

Développement limité d'ordre 2

Le développement limité en un point a à l'ordre 2 d'une fonction f est donné par :

$f(x) = f(a) + (x-a)f'(a) + ((x-a)^2/2!)f''(a)$ + *reste*

$f(x) = f(a) + (x-a)f'(a) + ((x-a)^2/2)f''(a)$ + reste car $2! = 2 \times 1 = 2$

La forme quadratique de f est donnée par :

$$f(x) = f(a) + (x-a)f'(a) + ((x-a)^2/2!)f''(a)$$

Soit :

$f(x) = f(a) + (x-a)f'(a) + ((x-a)^2/2)f''(a)$ *car* $2! = 2 \times 1 = 2$

Développement limité d'ordre 1

Le développement limité en un point a à l'ordre 1 d'une fonction f est donné par :

$f(x) = f(a) + (x-a)f'(a)$ + reste

L'approximation affine de f est donnée par :

$$f(x) = f(a) + (x-a)f'(a)$$

Remarque :
Il s'agit aussi de l'équation de la tangente au point d'abscisse a de la courbe de la fonction f.

Utilisation des DL dans le calcul de certaines limites

Les DL peuvent s'avérer très utiles lors du calcul de certaines limites. Parfois, on est en présence d'un cas de forme indéterminée du type 0/0 ou bien encore ∞/∞, etc.

Par exemple, dans le cas du calcul de la limite de $\ln(1+x)/x$ lorsque x tend vers 0, on est en présence d'un cas de forme indéterminée du type 0/0. En effet, en remplaçant x par 0, on obtient $\ln(1+0)/0$, ce qui donne une forme indéterminée 0/0 et ne permet donc pas de conclure quant à la valeur de la limite.

En calculant les dérivées successives de $f(x) = \ln(1+x)$ en $x = 0$, on obtient :

$f(x) = \ln(1+x)$
$f'(x) = 1/(1+x)$
$f''(x) = -1/(1+x)^2$
$f'''(x) = 2/(1+x)^3$

En remplaçant x par 0 :

$f(0) = \ln 1 = 0$
$f'(0) = 1/(1+0) = 1$
$f''(0) = -1/(1+0)^2 = -1$
$f'''(0) = 2/(1+0)^3 = 2$

On en déduit le DL en $x = 0$ de $f(x)$ à l'ordre 3 :

$f(x) = f(0) + (x-0)f'(0) + ((x-0)^2/2!)f''(0) + ((x-0)^3/3!)f'''(0)$
$+ \text{reste}$

D'où :

$$\ln(1+x) = 0 + x \times 1 + \frac{x^2}{2} \times (-1) + \frac{x^3}{6} \times 2 + \text{reste}$$

$$\ln(1+x) = x - \frac{x^2}{2} + \frac{x^3}{3} + \text{reste}$$

Ainsi :

$$\ln(1+x)/x = \left(x - \frac{x^2}{2} + \frac{x^3}{3} + \text{reste}\right)/x$$

$$\ln(1+x)/x = 1 - \frac{x}{2} + \frac{x^2}{3} + \text{reste}$$

Et donc :

$$\lim_{x \to 0} \ln(1+x)/x = 1 - \frac{0}{2} + \frac{0^2}{3} = 1$$

2. Calcul intégral

Conditions pour qu'une fonction soit intégrable

Toute fonction f est intégrable sur un intervalle $[a, b]$ si et seulement si f est continue sur cet intervalle. En général, toutes les fonctions sont continues sur leur ensemble de définition. Il est parfois nécessaire d'étudier la continuité en un point où f n'est pas définie.

f est continue en un point a si et seulement si la limite de $f(x)$ lorsque x tend vers a par valeur supérieure est égale à la limite de $f(x)$ lorsque x tend vers a par valeur inférieure et si cette limite est finie (si cette limite est réelle et différente de $\pm\infty$).

f continue en a si et seulement si :

$$\lim_{\substack{x \to a \\ x > a}} f(x) = \lim_{\substack{x \to a \\ x < a}} f(x) = \ell \in \mathbb{R}$$

On dit alors que f admet un prolongement par continuité en a.

$\int_a^b f(x)\mathrm{d}x$ est définie si et seulement si f est continue sur $[a, b]$

Primitives usuelles

Fonctions	Primitives
1	x + constante
a	ax + constante
x	$x^2/2$ + constante
ax	$ax^2/2$ + constante
x^2	$x^3/3$ + constante
ax^2	$ax^3/3$ + constante
x^n	$x^{n+1}/(n+1)$ + constante

Fonctions	Primitives
ax^n	$ax^{n+1}/(n+1)$ + constante
$1/x$	$\ln x$ + constante
$1/x^2$	$-1/x$ + constante
$1/x^n$	$-1/(n-1)x^{n-1}$ + constante
e^x	e^x + constante
e^{ax+b}	e^{ax+b}/a + constante
$\text{Cos}x$	$\sin x$ + constante
$\text{Sin}x$	$-\cos x$ + constante
$\tan x = \sin x/\cos x$	$-\ln\|\cos x\|$ + constante
$\text{cotan}x = \cos x/\sin x$	$\ln\|\sin x\|$ + constante
$1/(2\sqrt{x})$	$\sqrt{x}$ + constante
$\sqrt{x} = x^{1/2}$	$x^{3/2}/(3/2)$ + constante = $2x\sqrt{x}/3$ + constante
$\ln x$ (à savoir démontrer)	$x\ln x - x$ + constante
a^x ($a > 0$ et $\neq 1$)	$a^x/\ln a$ + constante ($a > 0$ et $\neq 1$)

Pour la primitive de $\ln x$, le calcul est démontré dans le paragraphe portant sur la formule de l'intégration par parties.

Fonctions	Primitives
$u'(x) + v(x) + u(x)v'(x)$	$u(x)v(x)$ + constante
$u'(x)e^{u(x)}$	$e^{u(x)}$ + constante
$u'(x)/u(x)$	$\ln\|u(x)\|$ + constante
$u'(x)\, u^n(x)$	$u^{n+1}(x)/(n+1)$ + constante
$u'(x)\cos(u(x))$	$\sin(u(x))$ + constante
$u'(x)\sin(u(x))$	$-\cos(u(x))$ + constante

Ce dernier tableau est très utile dans le calcul des primitives de tanx car tanx est le quotient de cosx sur sinx et fait apparaître la formule $u'(x)/u(x)$.
Et ainsi :

$$\int \tan x dx = \int (\sin x/\cos x) dx = -\int (-\sin x/\cos x) dx = -\ln|\cos x| + \text{constante}$$

De même, on peut calculer la primitive de cotanx (qui est le quotient de sinx sur cosx).

Et ainsi : $\int \text{cotan} x dx = \int (\sin x/\cos x) dx = \ln|\sin x| + \text{constante}$

Attention au signe « moins » dans le calcul de la primitive de la tangente car la dérivée de cosx est −sinx et pour faire apparaître −sinx, il faut multiplier l'intégrale par (−1).

Formules et propriété de l'intégration

Que représente une intégrale ?

L'intégrale représente l'aire située entre l'axe des abscisses et la courbe d'une fonction *f*.

Linéarité de l'intégrale

L'intégrale de la somme de fonctions est la somme des primitives de chacune des fonctions.
Ainsi, pour tous *a* et *b* réels et pour toutes fonctions *f* et *g* définies et continues sur $[a, b]$, on a :

$$\int_a^b (f(x) + g(x)) dx = \int_a^b f(x) dx + \int_a^b g(x) dx$$

Plus généralement :

Pour tous *a* et *b* réels tels, que $a < b$ et pour tous réel *c* et *d* et pour toutes fonctions *f* et *g* définies et continues sur $[a, b]$, on a :

$$\int_a^b (cf(x) + dg(x)) dx = c\int_a^b f(x) dx + d\int_a^b g(x) dx$$

Relation de Chasles

Soit a, b et c trois réels tels que $a < b < c$. L'intégrale de a à c d'une fonction f est égale à la somme de l'intégrale de a à b de f et de l'intégrale de b à c de f.

$$\int_a^c f(x)\mathrm{d}x = \int_a^b f(x)\mathrm{d}x + \int_b^c f(x)\mathrm{d}x$$

Positivité et croissance de l'intégrale

Si pour tout $x \in [a, b]$ et toute fonction f définie et continue sur $[a, b]$:

$f(x) > 0$, alors la positivité de l'intégrale implique que :

$$\int_a^b f(x)\mathrm{d}x > \int_a^b 0\mathrm{d}x = 0$$

$f(x) \geqslant 0$, alors la positivité de l'intégrale implique que :

$$\int_a^b f(x)\mathrm{d}x \geqslant \int_a^b 0\mathrm{d}x = 0$$

$f(x) < 0$, alors la positivité de l'intégrale implique que :

$$\int_a^b f(x)\mathrm{d}x < \int_a^b 0\mathrm{d}x = 0$$

$f(x) \leqslant 0$, alors la positivité de l'intégrale implique que :

$$\int_a^b f(x)\mathrm{d}x \leqslant \int_a^b 0\mathrm{d}x = 0$$

Par exemple :

Soit la fonction définie par $f(x) = x^2$.
Pour tout réel x de $\mathbb{R}$, $f(x) \geqslant 0$ (car un carré est toujours positif).
Ainsi, l'intégrale sur un intervalle $[a, b]$ de f est toujours positive ou nulle :

$$\int_a^b f(x)\mathrm{d}x = \int_a^b x^2\mathrm{d}x \geqslant 0$$

Si pour tout $x \in [a, b]$ et toutes fonctions f et g définies et continues sur $[a, b]$:

$f(x) > g(x)$, alors la croissance de l'intégrale implique que :

$$\int_a^b f(x)\mathrm{d}x > \int_a^b g(x)\mathrm{d}x$$

$f(x) = g(x)$, alors la croissance de l'intégrale implique que :

$$\int_a^b f(x)\mathrm{d}x \geqslant \int_a^b g(x)\mathrm{d}x$$

$f(x) < g(x)$, alors la croissance de l'intégrale implique que :

$$\int_a^b f(x)\mathrm{d}x < \int_a^b g(x)\mathrm{d}x$$

$f(x) \leqslant g(x)$, alors la croissance de l'intégrale implique que :

$$\int_a^b f(x)\mathrm{d}x \leqslant \int_a^b g(x)\mathrm{d}x$$

Par exemple :

Soit f une fonction définie et continue sur $]0, +\infty[$ par $f(x) = \ln x$ et g une fonction définie et continue sur $\mathbb{R}$ par $g(x) = \mathrm{e}^x$

Pour tout x de $]0, +\infty[$, $\ln x < \mathrm{e}^x \Leftrightarrow f(x) < g(x)$

Donc, par croissance de l'intégrale, on déduit que $\int_a^b \ln x\mathrm{d}x < \int_a^b \mathrm{e}^x\mathrm{d}x$

Soit : $\int_a^b f(x)\mathrm{d}x < \int_a^b g(x)\mathrm{d}x$

Valeur moyenne d'une fonction sur un intervalle [*a*, *b*]

$$\mathrm{M} = (1/(b-a)) \times \int_a^b f(x)\mathrm{d}x$$

Formule du changement de variables

Lorsque l'expression à l'intérieur d'une intégrale est compliquée à calculer, le changement de variable peut être bien utile dans certains cas.
Il s'agit de poser $u = f(x)$ puis de dériver de chaque côté de l'égalité, ainsi on a :

$u = f(x)$

$du = df(x)dx$ en différenciant de chaque côté de l'égalité.

D'où : $dx = df(x) \times du$

Il ne faut pas oublier de changer les bornes lorsqu'il s'agit d'une intégrale en écrivant :

- quand x = borne inférieure alors $u = f$ (borne inférieure) ;
- quand x = borne supérieure alors $u = f$ (borne supérieure).

Exemple :

$$\int_2^e 1/(x\ln x)dx$$

On pose :

$u = \ln x$

$du = 1/x dx$, d'où $dx = x du$

Il ne faut pas oublier de modifier les bornes de l'intégrale :

- quand $x = 2$, $u = \ln 2$;
- quand $x = e$, $u = \ln e = 1$.

D'où : $\int_2^e 1/(x\ln x)dx = \int_{\ln 2}^1 (1/(xu)) \times x du$

Et : $\int_2^e 1/(x\ln x)dx = \int_{\ln 2}^1 (1/u)du$

$$\int_2^e 1/(x\ln x)dx = [\ln u]_{\ln 2}^1$$

$$\int_2^e 1/(x\ln x)dx = \ln(1) - \ln(\ln 2) = 0 - \ln(\ln 2) = -\ln(\ln 2) \approx -(-0,367) = 0,367$$

Formule d'intégration par parties

Lorsque l'on est en présence d'une intégrale ou d'une primitive d'un produit de deux fonctions, il est souvent nécessaire d'effectuer une intégration par parties.

Il faut choisir une fonction à intégrer et une fonction à dériver. En général, on intègre les fonctions exponentielles ou les fonctions $\cos x$ et $\sin x$ car le calcul de leur primitive est assez simple.

On doit calculer la primitive d'une fonction de la forme $u(x)v'(x)$.
On pose ainsi :
$u(x)$ = fonction à dériver
$v'(x)$ = fonction à intégrer
On calcule $u'(x)$ en dérivant $u(x)$ par rapport à x et $v(x)$ en intégrant $v'(x)$ selon x.

On obtient :

$u'(x)$ et $v(x)$

Une primitive de $u(x)v'(x)$ est alors :

$$u(x)v(x) - \int u'(x)v(x)dx + \text{constante}$$

S'il s'agit d'une intégrale, on a :

$$\int_a^b u'(x)v(x)dx = [u(x)v(x)]_a^b - \int_a^b u(x)v(x)dx$$

Par exemple : comment calculer une primitive de $\ln x$?
Il suffit de dire que $\ln x$ est le produit de la fonction constante $x \to 1$ et de la fonction $x \to \ln x$.

On pose :

$u(x) = \ln x$

$v'(x) = 1$

On dérive $u(x)$ et on intègre $v'(x)$:

$u'(x) = 1/x$

$v(x) = x$

$$\int \ln x dx = [u(x)v(x)] - \int u'(x)v(x)dx$$

$$\int \ln x dx = [x\ln x] - \int x \times (1/x)dx$$

$$\int \ln x dx = [x\ln x] - \int dx$$

$$\int \ln x dx = [x\ln x] - [x]$$

$$\int \ln x dx = [x\ln x - x]$$

Une primitive de $\ln x$ est donc $x\ln x - x$

Cela se vérifie aisément en calculant la dérivée de $x\ln x - x$ par rapport à x :
$1 \times \ln x + x \times (1/x) - 1 = \ln x + 1 - 1 = \ln x$.

Intégrales généralisées

Les intégrales généralisées sont des intégrales dont les bornes sont de la forme $\pm\infty$ ou bien des bornes en un point a où la fonction n'est pas définie.

Exemple :
Soit f une fonction définie et continue sur $[0, +\infty[$ et F une de ses primitives.
Alors :

$$\int_0^{+\infty} f(x)\mathrm{d}x = \lim_{x \to +\infty} F(x) - F(0).$$

Intégrales connues et convergence

Intégrales de Riemann

Ces intégrales de Riemann sont très utiles pour déterminer la convergence d'intégrales impropres ou généralisées.

On a le théorème suivant :

$$\int_1^{+\infty} 1/x^{\alpha}\mathrm{d}x \text{ converge ssi } \alpha > 1$$

$$\int_0^{1} 1/x^{\alpha}\mathrm{d}x \text{ converge ssi } \alpha < 1$$

Intégrales de Bertrand

Ces intégrales de Bertrand sont très utiles pour déterminer la convergence d'intégrales impropres ou généralisées.

$$\int_e^{+\infty} (1/x^{\alpha}(\ln x)^{\beta})\mathrm{d}x \text{ converge ssi } \alpha > 1 \text{ ou } (\alpha = 1 \text{ et } \beta > 1)$$

$$\int_0^{1/e} (1/x^{\alpha}|\ln x|^{\beta})\mathrm{d}x \text{ converge ssi } \alpha < 1 \text{ ou } (\alpha = 1 \text{ et } \beta > 1)$$

Il est indispensable de mettre des signes « valeur absolue » au niveau du lnx car x étant compris entre 0 et 1/e, le ln$x$ est forcément négatif. On rappelle que le signe de ln$x$ est le suivant :

x	0		1		$+\infty$
lnx		$-$	0	$+$	

Intégrale de Gauss : $\int_{-\infty}^{+\infty} e^{-x^2} dx$

Cette intégrale porte le nom de Gauss en référence à la loi de Gauss ou loi normale en statistiques. On la calcule à partir de la troisième propriété d'une densité de probabilité qui énonce que l'intégrale de $-\infty$ à $+\infty$ d'une densité est égale à 1. On applique cette propriété à la densité de la loi normale centrée réduite N(0, 1).

On démontre d'abord que : $\int_{-\infty}^{+\infty} e^{-x^2/2} dx = \sqrt{2\pi}$

Ce dernier résultat vient de la propriété de statistiques (évoquée ci-dessus) qui énonce que l'intégrale de $-\infty$ à $+\infty$ de la densité de probabilité d'une variable aléatoire est égale à 1.
Si X suit la loi normale centrée réduite N(0, 1), alors sa densité est donnée par :

$f(x) = (1/\sqrt{2\pi}) \times e^{-x^2/2}$ pour tout réel x.

Cette fonction est une densité de probabilité, donc elle vérifie trois propriétés, à savoir :

- f est continue presque partout ;
- pour tout x de $\mathbb{R}$, $f(x) \geqslant 0$;
- $\int_{-\infty}^{+\infty} f(x) dx = 1$.

La troisième propriété permet d'écrire :

$$\int_{-\infty}^{+\infty} f(x) dx = 1$$

Et donc : $\int_{-\infty}^{+\infty} (1/\sqrt{2\pi}) \times e^{-x^2/2} dx = 1$

Ce qui équivaut à : $(1/\sqrt{2\pi}) \times \int_{-\infty}^{+\infty} e^{-x^2/2} dx = 1$

Et en multipliant par $\sqrt{2\pi}$ de chaque côté de l'égalité, on obtient :

$$\int_{-\infty}^{+\infty} e^{-x^2/2} dx = \sqrt{2\pi}$$

La fonction $x \to e^{-x^2/2}$ est paire donc : $\int_{0}^{+\infty} e^{-x^2/2} dx = \int_{-\infty}^{0} e^{-x^2/2} dx$

On déduit de ce dernier résultat que :

$$\int_{0}^{+\infty} e^{-x^2/2} dx = \sqrt{2\pi}/2 \quad \text{et} \quad \int_{-\infty}^{0} e^{-x^2/2} dx = \sqrt{2\pi}/2$$

Le calcul de $\int_{0}^{+\infty} e^{-x^2} dx$ se fait à l'aide d'un changement de variables :

On remarque d'abord que $x^2/2 = (x/\sqrt{2})^2$, puis on pose :

$u = x \times \sqrt{2}$

$du = dx \times \sqrt{2}$ en dérivant de chaque côté.

D'où : $dx = du/\sqrt{2}$

Il ne faut pas oublier les bornes :

- quand $x = 0$, $u = 0 \times \sqrt{2} = 0$;
- quand x tend vers $+\infty$, u tend aussi vers $+\infty$.

Ainsi en reportant dans l'intégrale initiale :

$$\int_{0}^{+\infty} e^{-x^2} dx = \int_{0}^{+\infty} e^{-u^2/2}/\sqrt{2} dx$$

$$\int_{0}^{+\infty} e^{-x^2} dx = (1/\sqrt{2}) \times \int_{0}^{+\infty} e^{-u^2/2} dx$$

$$\int_{0}^{+\infty} e^{-x^2} dx = (1/\sqrt{2}) \times \sqrt{2\pi}/2$$

$$\int_{0}^{+\infty} e^{-x^2} dx = \sqrt{\pi}/2$$

On déduit par parité de la fonction e^{-x^2} que :

$$\int_0^{+\infty} e^{-x^2}dx = \int_{-\infty}^{0} e^{-x^2}dx = \sqrt{\pi}/2$$

Et aussi :

$$\int_{-\infty}^{+\infty} e^{-x^2}dx = \int_{-\infty}^{0} e^{-x^2}dx + \int_0^{+\infty} e^{-x^2}dx$$ par linéarité de l'intégrale et :

$$\int_{-\infty}^{+\infty} e^{-x^2}dx = \sqrt{\pi}/2 + \sqrt{\pi}/2 = 2 \times \sqrt{\pi}/2 = \sqrt{\pi}$$

Fonction Gamma

La fonction Gamma est définie par la formule suivante :

$$\Gamma(x) = \int_0^{+\infty} t^{x-1}e^{-t}dt$$

On a :

$\mathbf{\Gamma(x+1) = x\Gamma(x)}$ **et** $\mathbf{\Gamma(x+1) = x!}$ **pour tout entier** $\mathbf{x \in \mathbb{N}}$

Démonstration : $\Gamma(x+1) = x\Gamma(x)$

$$\Gamma(x+1) = \int_0^{+\infty} t^{x+1-1}e^{-t}dt$$

$$\Gamma(x+1) = \int_0^{+\infty} t^{x}e^{-t}dt$$

On fait une intégration par parties et on pose donc :

$u(t) = t^x$

$v'(t) = e^{-t}$

Ainsi, en dérivant u et en intégrant v', on obtient :

$u'(t) = xt^{x-1}$

$v(t) = -e^{-t}$

La formule d'intégration par parties donne :

$$\Gamma(x+1) = [u(t)v(t)]_0^{+\infty} - \int_0^{+\infty} u'(t)v(t)\mathrm{d}t$$

$$\Gamma(x+1) = [t^x(-\mathrm{e}^{-t})]_0^{+\infty} - \int_0^{+\infty} xt^{x-1}(-\mathrm{e}^{-t})\mathrm{d}t$$

$$\Gamma(x+1) = \lim_{x \to +\infty} t^x(-\mathrm{e}^{-t}) - 0 + \int_0^{+\infty} xt^{x-1}\,\mathrm{e}^{-t}\mathrm{d}t$$

$$\Gamma(x+1) = 0 + x\int_0^{+\infty} t^{x-1}\,\mathrm{e}^{-t}\mathrm{d}t$$

$$\Gamma(x+1) = 0 + x\Gamma(x)$$

$$\boldsymbol{\Gamma(x+1) = x\Gamma(x)}$$

Démonstration : $\Gamma(x+1) = x\,!$

D'après la démonstration précédente, on peut écrire que :

$$\Gamma(x+1) = x\Gamma(x)$$

En appliquant à nouveau ce résultat à $\Gamma(x)$, on a $\Gamma(x) = (x-1)\Gamma(x-1)$, et ainsi de suite.

On obtient :

$$\Gamma(x+1) = x\Gamma(x)$$

$$\Gamma(x+1) = x \times (x-1)\Gamma(x-1)$$

en remplaçant $\Gamma(x)$ par $(x-1)\Gamma(x-1)$

$$\Gamma(x+1) = x \times (x-1)(x-2)\Gamma(x-2)$$

en remplaçant $\Gamma(x-1)$ par $(x-2)\Gamma(x-2)$

Et finalement :

$$\Gamma(x+1) = x \times (x-1) \times (x-2) \times \ldots \times 2 \times \Gamma(1)$$

en remplaçant $\Gamma(2)$ par $(1)\Gamma(1) = \Gamma(1)$

Calcul de $\Gamma(1)$:

$$\Gamma(1) = \int_0^{+\infty} t^{1-1} e^{-t} dt$$

en remplaçant x par 1

$$\Gamma(1) = \int_0^{+\infty} t^0 e^{-t} dt$$

$$\Gamma(1) = \int_0^{+\infty} e^{-t} dt \quad \text{car } t^0 = 1$$

$$\Gamma(1) = [-e^{-t}]_0^{+\infty}$$

$$\Gamma(1) = \lim_{x \to +\infty} (-e^{-t}) - (-e^{-0})$$

$$\Gamma(1) = 0 - (-1)$$

$$\mathbf{\Gamma(1) = 1}$$

Et donc :

$$\Gamma(x + 1) = x \times (x - 1) \times (x - 2) \times \ldots \times 2 \times 1$$

en remplaçant $\Gamma(1)$ par 1

Et ainsi :

$$\mathbf{\Gamma(x + 1) = x\,!}$$

Intégrales de Wallis

Elles sont définies par :

$$I_n = \int_0^{\pi/2} \sin^n x dx \quad \text{et} \quad J_n = \int_0^{\pi/2} \cos^n x dx$$

On peut calculer I_0, I_1 et I_3 assez facilement :

$$I_0 = \int_0^{\pi/2} \sin^0 x dx$$

en remplaçant n par 0

$$I_0 = \int_0^{\pi/2} 1 dx$$

car tout nombre élevé à la puissance 0 vaut 1

$$I_0 = \int_0^{\pi/2} dx$$

$$I_0 = [x]_0^{\pi/2}$$

$$I_0 = \pi/2 - 0$$

$$\mathbf{I_0 = \pi/2}$$

$$I_1 = \int_0^{\pi/2} \sin^1 x dx$$

en remplaçant *n* par 1

$$I_1 = \int_0^{\pi/2} \sin x dx$$

car tout nombre élevé à la puissance 1 est lui-même

$$I_1 = [\ \ \cos x]_0^{\pi/2}$$

$$I_1 = -(\cos(\pi/2) - \cos 0)$$

$$I_1 = 0 + 1$$

$$\mathbf{I_1 = 1}$$

$$I_3 = \int_0^{\pi/2} \sin^3 x dx$$

en remplaçant *n* par 3

$$I_3 = \int_0^{\pi/2} \sin x \times \sin^2 x dx$$

en remarquant que $\sin^3 x = \sin x \times \sin^2 x$

$$I_3 = \int_0^{\pi/2} \sin x \times (1 - \cos^2 x) dx$$

car $\sin^2 x + \cos^2 x = 1$, donc $\sin^2 x = 1 - \cos^2 x$

$$I_3 = \int_0^{\pi/2} \sin x dx - \int_0^{\pi/2} \sin x \cos^2 x dx$$

$$I_3 = \int_0^{\pi/2} \sin x dx - \left(-\int_0^{\pi/2} -\sin x \cos^2 x dx\right)$$

on multiplie par (–1) pour faire apparaître une forme $u'u^2$

$$I_3 = [-\cos x]_0^{\pi/2} + [(\cos^3 x)/3]_0^{\pi/2}$$

$$I_3 = -(\cos(\pi/2) - \cos 0) + (\cos^3(\pi/2)/3 - \cos^3 0/3)$$

$$I_3 = -(0 - 1) + (0^3/3 - 1^3/3)$$

$$I_3 = 1 - 1/3$$

$$\mathbf{I_3 = 2/3}$$

De même on peut calculer aisément J_0, J_1, et J_3 :

On peut calculer I_0, I_1 et I_3 assez facilement :

$$J_0 = \int_0^{\pi/2} \cos^0 x dx$$

en remplaçant *n* par 0

$$J_0 = \int_0^{\pi/2} 1 dx$$

car tout nombre élevé à la puissance 0 vaut 1

$$J_0 = \int_0^{\pi/2} dx$$

$$J_0 = [x]_0^{\pi/2}$$

$$J_0 = \pi/2 - 0$$

$$\mathbf{J_0 = \pi/2}$$

$$J_1 = \int_0^{\pi/2} \cos^1 x dx$$

en remplaçant *n* par 1

$$J_1 = \int_0^{\pi/2} \cos x dx$$

car tout nombre élevé à la puissance 1 reste lui-même

$$J_1 = [\sin x]_0^{\pi/2}$$

$$J_1 = (\sin(\pi/2) - \sin 0)$$

$$J_1 = 1 - 0$$

$$\mathbf{J_1 = 1}$$

$$J_3 = \int_0^{\pi/2} \cos^3 x dx$$

en remplaçant *n* par 3

$$J_3 = \int_0^{\pi/2} \cos x \times \cos^2 x dx$$

en remarquant que $\sin^3 x = \sin x \times \sin^2 x$

$$J_3 = \int_0^{\pi/2} \cos x \times (1 - \sin^2 x) dx$$

car $\sin^2 x + \cos^2 x = 1$, donc $\cos^2 x = 1 - \sin^2 x$

$$J_3 = \int_0^{\pi/2} \cos x dx - \int_0^{\pi/2} \cos x \times \sin^2 x dx$$

on reconnaît une forme $u'u^2$

$$J_3 = [\sin x]_0^{\pi/2} - [(\sin^3 x)/3]_0^{\pi/2}$$

$$J_3 = (\sin(\pi/2) - \sin 0) - (\sin^3((\pi/2)/3) - \sin^3 0/3)$$

$$J_3 = (1 - 0) - (1^3/3 - 0^3/3)$$

$$J_3 = 1 - 1/3$$

$$\mathbf{J_3 = 2/3}$$

On démontre également à l'aide d'une intégration par parties que :

$nI_n = (n-1)I_{n-2}$ et $nJ_n = (n-1)J_{n-2}$

Démonstration de $nI_n = (n-1)I_{n-2}$

où $I_n = \int_0^{\pi/2} \sin^n x dx = \int_0^{\pi/2} \sin x \sin^{n-1} x dx$

On pose :

$u(x) = \sin^{n-1} x$

$v'(x) = \sin x$

On a, en dérivant $u(x)$ par rapport à x et en intégrant $v(x)$:

$u'(x) = (n-1)\cos x \sin^{n-2} x$

$v(x) = -\cos x$

$$I_n = [-\cos x \sin^{n-1} x]_0^{\pi/2} - \int_0^{\pi/2} -(n-1)\cos x \cos x \sin^{n-2} x dx$$

$$I_n = [-\cos x \sin^{n-1} x]_0^{\pi/2} + \int_0^{\pi/2} (n-1)\cos^2 x \sin^{n-2} x dx$$

$$I_n = 0 + \int_0^{\pi/2} (n-1)(1-\sin^2 x)\sin^{n-2} x dx$$

$$I_n = \int_0^{\pi/2} (n-1)\sin^{n-2} x dx - \int_0^{\pi/2} (n-1)\sin^2 x \sin^{n-2} x dx$$

$$I_n = \int_0^{\pi/2} (n-1)\sin^{n-2} x dx - \int_0^{\pi/2} (n-1)\sin^n x dx$$

$$I_n = (n-1)\int_0^{\pi/2} \sin^{n-2} x dx - (n-1)\int_0^{\pi/2} \sin^n x dx$$

$I_n = (n-1)I_{n-2} - (n-1)I_n$

$I_n + (n-1)I_n = (n-1)I_{n-2}$

$\mathbf{nI_n = (n-1)I_{n-2}}$

Démonstration de $n\mathrm{I}_n=(n-1)\mathrm{I}_{n-2}$

où $\mathrm{J}_n=\int_0^{\pi/2}\cos^n x\,dx=\int_0^{\pi/2}\cos x\cos^{n-1}x\,dx$

On pose :

$u(x)=\cos^{n-1}x$

$v'(x)=\cos x$

On a, en dérivant $u(x)$ par rapport à x et en intégrant $v(x)$:

$u'(x)=-(n-1)\sin x\cos^{n-2}x$

$v(x)=\sin x$

$$\mathrm{J}_n=[\sin x\cos^{n-1}x]_0^{\pi/2}-\int_0^{\pi/2}-(n-1)\sin x\sin x\cos^{n-2}x\,dx$$

$$\mathrm{J}_n=[-\cos x\sin^{n-1}x]_0^{\pi/2}+\int_0^{\pi/2}(n-1)\sin^2 x\cos^{n-2}x\,dx$$

$$\mathrm{J}_n=0+\int_0^{\pi/2}(n-1)(1-\cos^2 x)\cos^{n-2}x\,dx$$

$$\mathrm{J}_n=\int_0^{\pi/2}(n-1)\cos^{n-2}x\,dx-\int_0^{\pi/2}(n-1)\cos^2 x\cos^{n-2}x\,dx$$

$$\mathrm{J}_n=\int_0^{\pi/2}(n-1)\cos^{n-2}x\,dx-\int_0^{\pi/2}(n-1)\cos^n x\,dx$$

$$\mathrm{J}_n=(n-1)\int_0^{\pi/2}\cos^{n-2}x\,dx-(n-1)\int_0^{\pi/2}\cos^n x\,dx$$

$\mathrm{J}_n=(n-1)\mathrm{J}_{n-2}-(n-1)\mathrm{J}_n$

$\mathrm{J}_n+(n-1)\mathrm{J}_n=(n-1)\mathrm{J}_{n-2}$

$\boldsymbol{n\mathrm{J}_n=(n-1)\mathrm{J}_{n-2}}$

3. Suites

Sens de variations d'une suite

Une suite (U_n) est croissante ssi $U_{n+1} - U_n > 0$ ou ssi $U_{n+1}/U_n > 1$

Une suite (U_n) est décroissante ssi $U_{n+1} - U_n < 0$ ou ssi $U_{n+1}/U_n < 1$

Une suite (U_n) est constante ssi $U_{n+1} - U_n = 0$ ou ssi $U_{n+1}/U_n = 1$

Convergence d'une suite et propriétés de convergence

Suites majorées, minorées et bornées

Une suite est majorée ssi il existe un réel M tel que $U_n < M$ pour tout entier naturel n.

Une suite est minorée ssi il existe un réel m tel que $U_n > m$ pour tout entier naturel n.

Une suite est bornée ssi elle est à la fois majorée et minorée, ssi il existe deux réels distincts m et M tels que $m < U_n < M$ pour tout entier naturel n.

Par exemple la suite définie par $U_n = 1/n$ est bornée car comprise entre 0 et 1. En effet n est U_n entier naturel non nul, donc positif strictement et $1/n$ est toujours inférieur ou égal à 1. Ainsi on a $0 < 1/n < 1$ et donc $0 < U_n < 1$

Sens de variations d'une suite

Une suite croissante et majorée converge vers une limite l finie ($\neq \infty$).

Une suite décroissante et minorée converge vers une limite l finie ($\neq \infty$).

Suites arithmétiques et géométriques

Suite arithmétique de premier terme U_0 ou U_1 et de raison r	Suite géométrique de premier terme V_0 ou V_1 et de raison q
$U_n = U_0 + nr$ ou $U_n = U_1 + (n-1)r$	$V_n = V_0 q^n$ ou $V_n = V_1 q^{n-1}$
$S_n =$ (premier terme + dernier terme) × nombre de termes / 2 $S_n = (U_0 + U_n) \times (n+1)/2$	$S_n =$ premier terme × (1 – raison nombre de termes) / (1 – raison) $S_n = V_0 \times (1 - q^{n-1})/(1-q)$

où S_n = somme des $n + 1$ premiers termes de la suite considérée.

Le calcul de la somme des $n + 1$ premiers termes d'une suite géométrique permet de calculer la somme des $n + 1$ premiers entiers :

$\sum_{k=0}^{n} k = 0 + 1 + \ldots + n =$ somme des $n + 1$ premiers termes de la suite arithmétique de premier terme 0 et de raison 1.

$$\sum_{k=0}^{n} k = (0 + n) \times (n+1)/2 = n(n+1)/2$$

Application à l'économie

Lorsque l'on place un capital C_0 au taux annuel de x %, les suites géométriques permettent de calculer le capital obtenu au bout de n années.

Le capital obtenu au bout de n années est :

$C_n = C_0(1 + x)^n$

Application aux statistiques

Le calcul de la somme des $n + 1$ premiers d'une suite arithmétique ou géométrique est utilisé dans le calcul d'espérances et de variances de certaines variables aléatoires discrètes.

Par exemple, soit X la variable aléatoire de loi uniforme discrète sur $\{1, 2, ..., n\}$.

La loi de X est donnée par :

X	1	2	...	n
Probabilités	$1/n$	$1/n$	$1/n$	$1/n$

L'espérance de X est donnée par :

$$E(X) = 1 \times 1/n + 2 \times 1/n + \dots + n \times 1/n$$

$E(X) = 1/n \times (1 + 2 + \dots + n)$ en mettant le $1/n$ en facteur

On reconnaît dans cette expression la somme des n premiers termes de la suite arithmétique de premier terme 1 et de raison 1 $\{1, 2, \dots, n\}$.

Ainsi :

$$\begin{aligned} 1 + 2 + \dots + n &= (\text{premier terme} + \text{dernier terme}) \times (\text{nombre de termes}) / 2 \\ &= (1 + n) \times n / 2 = n(n + 1) / 2. \end{aligned}$$

Et donc : $E(X) = n(n + 1)/2$

Autre exemple où X suit la loi géométrique de paramètre p. Il s'agit de répéter une expérience aléatoire jusqu'à l'obtention du premier succès.

La loi de X est donnée par : $P(X = k) = p(1 - p)^{k-1}$

Pour vérifier que la somme des probabilités est bien 1, on calcule la somme S des $P(X = k)$:

$$S = \sum_{k=1}^{+\infty} p(1 - p)^{k-1}$$

$$S = \sum_{k=1}^{+\infty} (1 - p)^{k-1}$$

$$S = \lim_{n \to +\infty} \sum_{k=1}^{n} p(1 - p)^{k-1}$$

On écrit cette expression à l'aide de la limite afin d'avoir un terme finissant la somme pour après passer à la limite.

$S = \lim\limits_{n \to +\infty} p \sum\limits_{k=1}^{n} (1-p)^{k-1}$ en sortant le p de la somme.

$S = \lim\limits_{n \to +\infty} p \sum\limits_{k=0}^{n-1} (1-p)^{k}$ en changeant l'indice de la somme.

On commence à $k = 0$ au lieu de $k = 1$. Et attention à ne pas oublier de changer le dernier terme de la somme : il devient $k = n - 1$ et plus $k = n$.

$\sum\limits_{k=0}^{n-1} (1-p)^{k}$ est la somme des n premiers termes de la suite géométrique de premier terme $(1-p)^0 = 1$ et de raison $q = 1 - p$.

Ainsi : $\sum\limits_{k=0}^{n-1} (1-p)^{k} =$ premier terme × (1 – raison$^{\text{nombre de termes}}$)/(1 – raison)

$$\sum_{k=0}^{n-1} (1-p)^{k} = 1 \times (1-(1-p)^n)/(1-(1-p)) = (1-(1-p)^n)/(1-1+p)$$

$$= (1-(1-p)^n)/(p)$$

D'où :

$$S = \lim_{n \to +\infty} p \times (1-(1-p)^n)/(p)$$

$$S = \lim_{n \to +\infty} (1-(1-p)^n)$$

Or $\lim(1-p)^n = 0$ lorsque n tend vers l'infini car p est une probabilité, donc forcément compris entre 0 et 1, et il en est donc de même pour $1 - p$. Ainsi, $1 - p$ est compris entre 0 et 1 et $(1-p)^n$ tend vers 0 lorsque n tend vers l'infini.

$S = 1 - 0$

$S = 1$

Suites définies par $U_{n+2} = aU_{n+1} + bUn$

Soit U_n une suite définie par la relation $U_{n+2} = aU_{n+1} + bU_n$.
Le but est de trouver l'expression de U_n en fonction de n.

On réécrit $U_{n+2} = aU_{n+1} + bU_n$ en passant tout du même côté, ce qui donne :
$U_{n+2} - aU_{n+1} - bU_n = 0$

Cette expression fait apparaître le polynôme caractéristique.

On calcule les racines du polynôme caractéristique : $r^2 - ar - b$

$\Delta = (-a)^2 - 4 \times 1 \times (-b) = a^2 + 4b$

On distingue trois cas :

• $\Delta > 0$: le polynôme caractéristique a deux racines réelles distinctes :

$r_1 = (1 - \sqrt{\Delta})/2$ et $r_2 = (1 + \sqrt{\Delta})/2$

Ainsi, la suite U_n s'écrit dans ce cas : $U_n = \lambda(r_1)^n + \mu(r_2)^n$

• $\Delta = 0$: le polynôme caractéristique a racine double : $r_0 = 1/2$

Ainsi, la suite U_n s'écrit dans ce cas : $U_n = (\lambda + \mu n)(r_0)^n$

• $\Delta < 0$: le polynôme caractéristique a deux racines complexes conjuguées :

$r_1 = (1 - i\sqrt{\Delta})/2$ et $r_2 = (1 + i\sqrt{\Delta})/2$

On pose :

p = module de r_1 = module de r_2 (les racines complexes étant des nombres complexes conjugués, elles ont le même module)
θ = argument de r_1 = – argument de r_2

En écrivant r_1 et r_2 sous la forme d'Euler, on obtient :

$r_1 = pe^{i\theta}$ et $r_2 = pe^{-i\theta}$ où $e^{i\theta} = \cos\theta + i\sin\theta$ et $e^{-i\theta} = \cos\theta - i\sin\theta$

Ainsi, la suite U_n s'écrit dans ce cas :

$U_n = \lambda p^n \cos(n\theta) + \mu p^n \sin(n\theta)$

Les constantes λ et μ s'obtiennent avec les conditions initiales. En général, dans les énoncés, on donne une valeur pour U_0 et U_1. Ainsi, il est possible d'obtenir la valeur de λ et μ.

On a ainsi suivant le signe de Δ :

$\Delta > 0$:

$U_0 = \lambda(r_1)^0 + \mu(r_2)^0 = \lambda + \mu$

$U_1 = \lambda(r_1)^1 + \mu(r_2)^1 = \lambda r_1 + \mu r_2$

$\Delta = 0$:

$U_0 = (\lambda + \mu \times 0)(r_0)^0 = \lambda$

$U_1 = (\lambda + \mu \times 1)(r_0)^1 = (\lambda + \mu)r_0$

$\Delta < 0$:

$$U_0 = \lambda p^0 \cos(0 \times \theta) + \mu p^0 \sin(0 \times \theta) = \lambda \cos(0) + \mu \sin(0)$$
$$= \lambda \times 1 + \mu \times 0 = \lambda$$

Pour chaque cas, on a un système de deux équations à deux inconnues λ et μ.

$\Delta > 0$:

$U_0 = \lambda + \mu \rightarrow \mu = U_0 - \lambda$

$U_1 = \lambda r_1 + \mu r_2$

Ainsi :

$U_1 = \lambda r_1 + (U_0 - \lambda)r_2 = \lambda(r_1 - r_2) + U_0 r_2 \rightarrow U_1 - U_0 r_2 = \lambda(r_1 - r_2)$

et : $\boldsymbol{\lambda = (U_1 - U_0 r_2)/(r_1 - r_2)}$

Ainsi :

$$\mu = U_0 - \lambda = \mu = U_0 - (U_1 - U_0 r_2)/(r_1 - r_2)$$
$$= [U_0(r_1 - r_2) - (U_1 - U_0 r_2)]/(r_1 - r_2)$$

et : $\boldsymbol{\mu = (U_0 r_1 - U_1)/(r_1 - r_2)}$

$\Delta = 0$:

$U_0 = (\lambda + \mu \times 0)(r_0)^0 = \lambda$

d'où : $\boldsymbol{\lambda = U_0}$

$U_1 = (\lambda + \mu \times 1)(r_0)^1 = (\lambda + \mu)r_0$

$U_1 = (\lambda + \mu)r_0 = (U_0 + \mu)r_0 = U_0 r_0 + \mu r_0 \rightarrow U_1 - U_0 r_0 = \mu r_0$

et : $\boldsymbol{\mu = (U_1 - U_0 r_0)/r_0}$

$\Delta < 0$:

$U_0 = \lambda p^0 \cos(0 \times \theta) + \mu p^0 \sin(0 \times \theta) = \lambda \cos(0) + \mu \sin(0)$

$= \lambda \times 1 + \mu \times 0 = \lambda$

d'où : $\boldsymbol{\lambda = U_0}$

$U_1 = \lambda p \cos(\theta) + \mu p \sin(\theta) = U_0 p \cos(\theta) + \mu p \sin(\theta)$

$\rightarrow U_1 - U_0 p \cos(\theta) = \mu p \sin(\theta)$

et : $\boldsymbol{\mu = (U_1 - U_0 p \cos(\theta))/(p \sin(\theta))}$ **avec** $\boldsymbol{\sin\theta \neq 0}$

c'est-à-dire : $\boldsymbol{\theta \neq \pi[\pi]}$ **et** $\boldsymbol{p \neq 0}$

4. Fonctions de deux variables

Notions de topologie

Ensembles ouverts, fermés, fermés bornés

Un ensemble ouvert est un ensemble qui n'a aucun point dans sa frontière. Par exemple, un intervalle de la forme $]a, b[$ est un ouvert car la borne inférieure (a) et la borne supérieure (b) ne sont pas comprises dans cet intervalle.

Un ensemble est dit fermé s'il s'agit du complémentaire d'un ouvert. Par exemple, $[a, b]$ est un fermé : il constitue le complémentaire de l'intervalle $]a, b[$.

Un ensemble à la fois fermé et borné est dit compact. Ce terme et cette notion sont utilisés en optimisation.

Ensembles convexes

Un ensemble E est convexe ssi pour tout point A et B de E, le segment [AB] y est intégralement contenu.

Autrement dit :
pour tout point $A \in E$ et $B \in E$, $t \in]0, 1[$, $tA + (1-t)B \in E$.

Quelques ensembles à connaître

Droites

Une droite est un ensemble de points défini par une équation du type $ax + by + c = 0$

Une droite D est un ensemble noté :

$D = \{(x, y) \in \mathbb{R}^2 / ax + by + c = 0\}$

Une droite est un ensemble ouvert de $\mathbb{R}^2$.

Demi-plans

Un demi-plan est un ensemble de points défini par une inéquation du type :

$ax + by + c > 0$

ou $ax + by + c < 0$

ou $ax + by + c = 0$

ou $ax + by + c \leqslant 0$.

Un demi-plan est un ensemble noté :

$P = \{(x, y) \in \mathbb{R}^2 / ax + by + c > 0\}$

ou $P = \{(x, y) \in \mathbb{R}^2 / ax + by + c < 0\}$

ou $P = \{(x, y) \in \mathbb{R}^2 / ax + by + c \geqslant 0\}$

ou $P = \{(x, y) \in \mathbb{R}^2 / ax + by + c \leqslant 0\}$

Un demi-plan est un ensemble ouvert de $\mathbb{R}^2$ si et seulement si il est défini par une inégalité stricte, c'est-à-dire si et seulement si son inéquation contient une inégalité stricte $>$ ou $<$.

Un demi-plan est un ensemble fermé de $\mathbb{R}^2$ si et seulement si il est défini par une inégalité large, c'est-à-dire si et seulement si son inéquation contient une inégalité large $\geqslant$ ou $\leqslant$.

Cercles

Un cercle de centre le point de coordonnées (a, b) et de rayon r est un ensemble de points défini par une équation du type $(x - a)^2 + (y - b)^2 = r^2$.

Un cercle C de centre le point de coordonnées (a, b) et de rayon r est un ensemble noté :

$C = \{(x, y) \in \mathbb{R}^2 / (x - a)^2 + (y - b)^2 = r^2\}$

Un cercle est un ensemble fermé et borné de $\mathbb{R}^2$. C'est donc un ensemble compact de $\mathbb{R}^2$.

Comment reconnaître l'équation d'un cercle à partir d'une équation du type $x^2 + y^2 + ax + by + c = 0$?

Il est important de savoir mettre une équation de ce type sous la forme canonique :

$x^2 + y^2 + ax + by + c = 0$

Dans cette équation on reconnaît le début du développement d'un carré en x et en y sans le dernier terme.

Ainsi, on peut écrire :

$(x + (a/2))^2 + (y + (b/2))^2 - a^2/2 - b^2/2 + c = 0$

$(x + (a/2))^2 + (y + (b/2))^2 = a^2/2 + b^2/2 - c$

Ce qui est l'équation du cercle de centre $(-a/2\,;-b/2)$ et de rayon $\sqrt{(a^2/2 + b^2/2 - c)}$.

Attention à bien vérifier que : $a^2/2 + b^2/2 - c \geqslant 0$

si $a^2/2 + b^2/2 - c < 0$ alors l'ensemble n'est pas un cercle.

Boules ouvertes et fermées

Une boule ouverte est un ensemble de points défini par une inéquation avec inégalités strictes du type $(x - a)^2 + (y - b)^2 > r^2$ ou $(x - a)^2 + (y - b)^2 < r^2$

Une boule ouverte B_O est un ensemble noté :

$B_O = \{(x, y) \in \mathbb{R}^2 / (x - a)^2 + (y - b)^2 > r^2\}$

ou $B_O = \{(x, y) \in \mathbb{R}^2 / (x - a)^2 + (y - b)^2 < r^2\}$

Une boule ouverte est un ensemble ouvert de $\mathbb{R}^2$ et ses inégalités sont strictes.

Une boule fermée est un ensemble de points défini par une inéquation avec inégalités larges du type $(x - a)^2 + (y - b)^2 \geqslant r^2$ ou $(x - a)^2 + (y - b)^2 \leqslant r^2$

Une boule fermée B_F est un ensemble noté :

$$B_F = \{(x, y) \in \mathbb{R}^2 / (x-a)^2 + (y-b)^2 \geqslant r^2\}$$

ou $B_F = \{(x, y) \in \mathbb{R}^2 / (x-a)^2 + (y-b)^2 \leqslant r^2\}$

Une boule fermée est un ensemble ouvert de $\mathbb{R}^2$ et ses inégalités sont larges.

De même que pour un cercle, il est important de savoir modifier l'inéquation d'une boule en mettant une expression de la forme $x^2 + y^2 + ax + by + c$ sous la forme canonique. La méthode reste la même mais avec des inégalités à la place du signe « égal ».

Sphère

Il s'agit d'un ensemble dont l'équation est décrite par trois variables x, y et z. En première et deuxième années de licence d'économie, le programme se concentre en général en priorité sur les fonctions de deux variables ou d'une seule variable. Il est néanmoins intéressant d'en connaître la définition.

Une sphère est un ensemble de points défini par une équation du type $(x-a)^2 + (y-b)^2 + (z-c)^2 = r^2$.

Une sphère S de centre le point de coordonnées (a, b, c) et de rayon r est noté :

$S = \{(x, y, z) \in \mathbb{R}^3 / (x-a)^2 + (y-b)^2 + (z-c)^2 = r^2\}$

Une sphère est un ensemble fermé et borné de $\mathbb{R}^3$. C'est donc un ensemble compact de $\mathbb{R}^3$.

Ensemble de définition d'une fonction de deux variables ainsi que sa représentation

De la même manière que pour les fonctions d'une seule variable, les règles sont les suivantes :

- on ne peut pas diviser par un nombre nul ;
- on ne peut pas prendre la racine d'un nombre négatif strictement ;
- on ne peut pas calculer le logarithme d'un nombre négatif ou nul.

À partir de ces règles, on détermine des conditions sur les variables x et y et on en déduit l'équation de son ensemble de définition.

Il est important de bien savoir reconnaître la nature d'un ensemble de définition (ouvert, fermé, borné) et de quel type d'ensemble il s'agit (droite, demi-plan, cercle, boule).

Dérivées partielles premières : calcul du gradient

Il existe deux dérivées partielles premières pour une fonction $f(x, y)$ de deux variables :

- la dérivée de $f(x, y)$ par rapport à x notée : $\mathrm{d}f(x, y)/\mathrm{d}x$;
- la dérivée de $f(x, y)$ par rapport à y notée : $\mathrm{d}f(x, y)/\mathrm{d}y$.

Le gradient est la matrice à une ligne et deux colonnes définie par :
$\Delta(x, y) = (\mathrm{d}f(x, y)/\mathrm{d}x \; \mathrm{d}f(x, y)/\mathrm{d}y)$

Dérivées partielles secondes : calcul de la matrice hessienne

Il existe quatre dérivées partielles secondes pour une fonction $f(x, y)$ de deux variables :

- la dérivée de $\mathrm{d}f(x, y)/\mathrm{d}x$ par rapport à x notée : $\mathrm{d}^2f(x, y)/\mathrm{d}x^2$;
- la dérivée de $\mathrm{d}f(x, y)/\mathrm{d}y$ par rapport à y notée : $\mathrm{d}^2f(x, y)/\mathrm{d}y^2$;
- la dérivée de $\mathrm{d}f(x, y)/\mathrm{d}x$ par rapport à y notée : $\mathrm{d}^2f(x, y)/\mathrm{d}x\mathrm{d}y$;
- la dérivée de $\mathrm{d}f(x, y)/\mathrm{d}y$ par rapport à x notée : $\mathrm{d}^2f(x, y)/\mathrm{d}y\mathrm{d}x$.

Il est important de noter que les deux dernières dérivées partielles sont égales. On a toujours :

$\mathrm{d}^2f(x, y)/\mathrm{d}x\mathrm{d}y = \mathrm{d}^2f(x, y)/\mathrm{d}y\mathrm{d}x$.

Ces dérivées sont aussi appelées dérivées croisées.

La matrice hessienne de la fonction $f(x, y)$ est la matrice à deux lignes et deux colonnes définie par :

$$\mathrm{Hess}\, f(x, y) = \begin{pmatrix} \mathrm{d}^2f(x, y)/\mathrm{d}x^2 & \mathrm{d}^2f(x, y)/\mathrm{d}y\mathrm{d}x \\ \mathrm{d}^2f(x, y)/\mathrm{d}x\mathrm{d}y & \mathrm{d}^2f(x, y)/\mathrm{d}y^2 \end{pmatrix}$$

Fonctions convexes et concaves

Pour déterminer si une fonction est convexe ou concave ou bien ni convexe ni concave, il est nécessaire de calculer ses dérivées secondes puis d'étudier le signe de la quantité :

$$d^2f(x, y)/dxdy \times d^2f(x, y)/dydx - d^2f(x, y)/dx^2 \times d^2f(x, y)/dy^2$$

Si $d^2f(x, y)/dxdy \times d^2f(x, y)/dydx - d^2f(x, y)/dx^2 \times d^2f(x, y)/dy^2 > 0$:
f n'est ni convexe ni concave.
Il n'y a pas de terme pour désigner une telle fonction. On écrit juste *f* n'est ni convexe ni concave.

Si $d^2f(x, y)/dxdy \times d^2f(x, y)/dydx - d^2f(x, y)/dx^2 \times d^2f(x, y)/dy^2 < 0$:
f est convexe ou concave.
Il faut donc déterminer si elle est convexe ou concave.
Si $d^2f(x, y)/dx^2$ ou $d^2f(x, y)/dy^2$ sont positifs, alors *f* est convexe.
Si $d^2f(x, y)/dx^2$ ou $d^2f(x, y)/dy^2$ sont négatifs, alors *f* est concave.

Que peut-on déduire à partir de ces résultats ?

Propriétés :

• Une fonction *f* est convexe ssi pour tous x et y de $\mathbb{R}$ et $t \in]0, 1[$:
$f(tx + (1 - t)y) = tf(x) + (1 - t)f(y)$

• Si *f* est convexe, elle admet un minimum global sur son ensemble de définition.

• Si *f* est concave, elle admet un maximum global sur son ensemble de définition.

Ceci est détaillé dans le chapitre suivant portant sur l'optimisation.

5. Optimisation

L'optimisation permet de déterminer les points critiques ou points candidats d'une fonction de deux variables ainsi que leur nature. L'ensemble de définition de cette fonction doit être un ouvert de $\mathbb{R}^2$.

Les coordonnées des points critiques ou candidats sont déterminées à l'aide des conditions nécessaires du 1er ordre.

La nature des points critiques ou candidats est déterminée à l'aide des conditions suffisantes du 2d ordre. Déterminer la nature d'un point critique consiste à savoir s'il s'agit d'un extremum (maximum ou minimum) ou d'un point col ou selle.

Les natures possibles sont les suivantes :

• extremum : il s'agit d'un maximum ou d'un minimum :

– maximum local ou global

Le maximum global est le plus grand des maxima sur un ensemble donné. Il peut y avoir plusieurs maxima locaux,

– minimum local ou global

Le minimum global est le plus petit des maxima sur un ensemble donné. Il peut y avoir plusieurs minima locaux ;

• point col (ou selle)
Le point col ou encore point selle est un point tel que la courbe de la fonction en ce point a l'allure d'une selle de cheval, d'où cette appellation de point selle. Ce n'est ni un minimum ni un maximum.

On distingue deux types d'optimisation : optimisation sans contrainte et optimisation avec contrainte.

Optimisation sans contrainte

Soit $f(x, y)$ une fonction de deux variables définie sur un ouvert. Il est indispensable que son ensemble de définition soit un ouvert de $\mathbb{R}^2$.

Conditions du premier ordre : détermination des points critiques

Les coordonnées des points critiques de f sont solution du système suivant :

$$\mathrm{d}f(x, y)/\mathrm{d}x = 0$$

$$\mathrm{d}f(x, y)/\mathrm{d}y = 0$$

On n'obtient aucun ou l'on obtient un ou plusieurs points critiques.

Remarque :
Attention aux systèmes menant aux équations du type $x^2 = a^2$ et $y^2 = a^2$. Ces équations amènent 4 solutions à savoir :

$x = a$ ou $x = -a$ et $y = a$ ou $y = -a$

Ainsi, il y a 4 points vérifiant ces deux dernières équations :

(a, a)

$(a, -a)$

$(-a, a)$

$(-a, -a)$

Il faut également faire attention aux conditions de l'ensemble de définition de f. Si on a en plus la condition $x = y$ par exemple, dans ce cas on a uniquement les points critiques dont les coordonnées vérifient $x = y$.
À savoir : (a, a) et $(-a, -a)$.

Conditions du second ordre : détermination de la nature des points critiques

On admet que f admet un point critique de coordonnées $(\bar{x}, \bar{y})$. On calcule la matrice hessienne en ce point et on obtient :

$$\mathrm{H}f(\bar{x}, \bar{y}) = \begin{pmatrix} \mathrm{d}^2f(\bar{x}, \bar{y})/\mathrm{d}x^2 & \mathrm{d}^2f(\bar{x}, \bar{y})/\mathrm{d}y\mathrm{d}x \\ \mathrm{d}^2f(\bar{x}, \bar{y})/\mathrm{d}x\mathrm{d}y & \mathrm{d}^2f(\bar{x}, \bar{y})/\mathrm{d}y^2 \end{pmatrix}$$

On calcule la quantité suivante à partir de la matrice hessienne au point $(\bar{x}, \bar{y})$:

$$\mathrm{d}^2f(\bar{x}, \bar{y})/\mathrm{d}x\mathrm{d}y \times \mathrm{d}^2f(\bar{x}, \bar{y})/\mathrm{d}y\mathrm{d}x - \mathrm{d}^2f(\bar{x}, \bar{y})/\mathrm{d}x^2 \times \mathrm{d}^2f(\bar{x}, \bar{y})/\mathrm{d}y^2$$

Puis on étudie son signe :

→ Si $d^2f(\bar{x},\bar{y})/dxdy \times d^2f(\bar{x},\bar{y})/dydx - d^2f(\bar{x},\bar{y})/dx^2 \times d^2f(\bar{x},\bar{y})/dy^2 > 0$ alors $(\bar{x},\bar{y})$ est un point col.

$\frac{d^2f(\bar{x},\bar{y})}{dx^2}$ et $\frac{d^2f(\bar{x},\bar{y})}{dy^2}$ sont de signes contraires en général dans ce cas.

→ Si $d^2f(\bar{x},\bar{y})/dxdy \times d^2f(\bar{x},\bar{y})/dydx - d^2f(\bar{x},\bar{y})/dx^2 \times d^2f(\bar{x},\bar{y})/dy^2 < 0$ alors $(\bar{x},\bar{y})$ est un extremum.

• Si $d^2f(\bar{x},\bar{y})/dx^2$ (ou $d^2f(\bar{x},\bar{y})/dy^2$) sont positifs alors il s'agit d'un minimum.

• Si $d^2f(\bar{x},\bar{y})/dx^2$ (ou $d^2f(\bar{x},\bar{y})/dy^2$) sont négatifs alors il s'agit d'un maximum.

Exemple : maximisation de la vraisemblance et obtention de l'estimateur du maximum de vraisemblance. Il s'agit du calcul d'un maximum avec une fonction de une variable : le paramètre à estimer.

On considère une variable aléatoire X de loi exponentielle de paramètre *a* :

$f(x) = ae^{-ax}$ si $x > 0$ et $f(x) = 0$ sinon.

On cherche à estimer le paramètre a :

La vraisemblance s'écrit :

$L(x_1, x_2, ..., x_n, a) =$ produit des $P(X = x_i)$ pour *i* allant de 1 à *n*.

$L(x_1, x_2, ..., x_n, a) = ae^{-ax_1} \times ae^{-ax_2} \times ... \times ae^{-ax_n}$

$L(x_1, x_2, ..., x_n, a) = a^n e^{-a(x_1 + x_2 + ... + x_n)}$

$L(x_1, x_2, ..., x_n, a) = a^n e^{-a\Sigma x_i}$

Pour maximiser la vraisemblance, il est judicieux de passer au ln pour baisser les puissances (maximiser le ln L ou L revient au même car ln est une fonction croissante).

$\ln L(x_1, x_2, ..., x_n, a) = \ln(a^n e^{-a\Sigma x_i})$

$$\ln L(x_1, x_2, ..., x_n, a) = n\ln a - a\sum_{i=1}^{n} x_i$$

On dérive par rapport à a :

$$\mathrm{d}\ln \mathrm{L}(x_1, x_2, \ldots, x_n, a)/\mathrm{d}a = n/a - \sum_{i=1}^{n} x_i$$

Puis on annule pour isoler a :

$$\mathrm{d}\ln \mathrm{L}(x_1, x_2, \ldots, x_n, a)/\mathrm{d}a = 0 \leftrightarrow n/a - \sum_{i=1}^{n} x_i = 0$$

$$\leftrightarrow n/a = \sum_{i=1}^{n} x_i$$

$$\leftrightarrow n = a\sum_{i=1}^{n} x_i$$

$$\leftrightarrow \hat{a} = (1/n) \times \sum_{i=1}^{n} x_i$$

On vérifie qu'il s'agit bien d'un maximum en calculant : $\mathrm{d}^2\ln \mathrm{L}(x_1, x_2, \ldots, x_n, a)/\mathrm{d}a^2$

$\mathrm{d}^2\ln \mathrm{L}(x_1, x_2, \ldots, x_n, a)/\mathrm{d}a^2 = -n/a^2 < 0$ pour tout a non nul
Il s'agit donc bien d'un maximum.

Optimisation sous contrainte

Méthode de linéarisation de la contrainte

On considère le problème suivant :

$f(x, y)$

sous contrainte $g(x, y) = 0$

Il s'agit d'exprimer une des variables x ou y en fonction de l'autre à partir de la contrainte $g(x, y) = 0$. On obtient ainsi $y = h(x)$ ou bien $x = k(y)$. Puis on remplace y (ou x) par son expression en fonction de x (ou de y) et on réécrit $f(x, y)$. On obtient ainsi une fonction d'une seule variable en x ou y. Il s'agit ensuite de faire le tableau de variations de cette fonction pour faire apparaître un minimum ou un maximum.

Par exemple :

On cherche les extremum de $f(x, y) = x^2 + 3y - 1$ sous la contrainte $x + y = 0$

$x + y = 0$ donne aisément $y = -x$

On remplace y par $-x$ dans $f(x, y)$ et on obtient une fonction d'une seule variable x :

$f(x) = x^2 + 3(-x) - 1 = x^2 - 3x - 1$

Puis on calcule la dérivée de f par rapport à x :

$f'(x) = 2x - 3$

$f'(x) = 0$ ssi $x = 3/2$

$x = 3/2$ est un extremum de f.

$f''(3/2) = 2 > 0$, donc $x = 3/2$ est un minimum global.

En établissant le tableau de variations de f, on met en évidence un minimum :

x	$-\infty$	$3/2$	$+\infty$
$f'(x)$	$-$		$+$
f	↘		↗

On calcule ensuite $y = -x = -3/2$

Finalement, $(3/2 ; -3/2)$ est un maximum global de $f(x, y)$ sous la contrainte $x + y = 0$.

Attention : cette méthode ne permet pas de déterminer les points cols (ou selles).

Méthode du Lagrangien (utilisée en microéconomie)

On considère le problème d'optimisation suivant :

$f(x, y)$
sous contrainte $g(x, y) = 0$

On écrit le Lagrangien :

Lagrangien = fonction à optimiser – $\lambda \times$ contrainte

$L(x, y) = f(x, y) - \lambda \times g(x, y)$

On écrit les conditions nécessaires du 1er ordre pour obtenir les points critiques

$dL(x, y)/dx = 0$
$dL(x, y)/dy = 0$

On résout ce système et on obtient le ou les points critiques (ou bien encore aucun point critique si ce système n'a pas de solution).
On suppose pour la suite que le point $(\bar{x}, \bar{y})$ est solution de ce système et que donc c'est un point critique.

On écrit les conditions suffisantes du 2nd ordre pour obtenir la nature des points critiques

On calcule d'abord les dérivées partielles secondes du Lagrangien :
$d^2L(x, y)/dx^2$
$d^2L(x, y)/dy^2$
$d^2L(x, y)/dxdy = d^2L(x, y)/dydx$

Puis on calcule la valeur de ces quantités au point $(\bar{x}, \bar{y})$:
$d^2L(\bar{x}, \bar{y})/dx^2$
$d^2L(\bar{x}, \bar{y})/dy^2$
$d^2L(\bar{x}, \bar{y})/dxdy = d^2L(\bar{x}, \bar{y})/dydx$

Et enfin, on détermine la nature du point $(\bar{x}, \bar{y})$:

$d^2L(\bar{x}, \bar{y})/dxdy \times d^2L(\bar{x}, \bar{y})/dydx - d^2L(\bar{x}, \bar{y})/dx^2 \times d^2L(x, y)/dy^2$

On déduit la nature du point $(\bar{x}, \bar{y})$:

Si $d^2L(\bar{x},\bar{y})/dxdy \times d^2L(\bar{x},\bar{y})/dydx - d^2L(\bar{x},\bar{y})/dx^2 \times d^2L(x,y)/dy^2 > 0$:
$(\bar{x}, \bar{y})$ est un point col (ou selle).
Ce n'est pas un extremum (ni un maximum ni un minimum).

Si $d^2L(\bar{x},\bar{y})/dxdy \times d^2L(\bar{x},\bar{y})/dydx - d^2L(\bar{x},\bar{y})/dx^2 \times d^2L(x,y)/dy^2 < 0$:
$(\bar{x}, \bar{y})$ est un extremum (maximum ou minimum).
Il faut donc déterminer s'il s'agit d'un minimum ou d'un maximum.
Si $d^2L(\bar{x}, \bar{y})/dx^2$ ou $d^2L(\bar{x}, \bar{y})/dy^2$ sont positifs, alors $(\bar{x}, \bar{y})$ est un minimum local.
Si $d^2L(\bar{x}, \bar{y})/dx^2$ ou $d^2L(\bar{x}, \bar{y})/dy^2$ sont négatifs, alors $(\bar{x}, \bar{y})$ est un maximum local.

Le plus petit minimum local est un minimum global.

Le plus grand maximum local est un maximum global.

PARTIE II

ALGÈBRE

1. Espaces vectoriels et bases

Définition et propriétés d'un espace vectoriel

Un espace E est un sev – sous-espace vectoriel – ssi il vérifie les propriétés suivantes :

- E est non vide (en général, on démontre que le point 0, origine, appartient à E) ;
- pour tous vecteurs u et v de E, pour tout a constante réelle on a :

$(u+v) \in E$
$a \times u \in E$

Exemple : comment montrer que $E = \{(x,y) \in \mathbb{R}^2 / x+y=0\}$ est un sev ?

On vérifie d'abord que E est non vide :

En prenant le point O(0, 0), on a : 0 + 0 = 0 et donc les coordonnées de ce point vérifient l'équation de E et E est non vide car il contient au moins un point, le point O.

Soit $u(x,y)$ et $v(x',y')$ deux vecteurs de E et a une constante réelle :

On montre que $u+v \in E$:

$u \in E$, donc $x+y=0$
$v \in E$, donc $x'+y'=0$
en additionnant ces deux équations, on a :
$x+y+x'+y'=0+0$
et donc :
$(x+x')+(y+y')=0$
Et ainsi $u+v$ de coordonnées $(x+x', y+y') \in E$

On montre que $a \times u \in E$

$u \in E$, donc $x+y=0$
En multipliant par a non nul de chaque côté, on obtient :
$a(x+y)=a \times 0$
Et donc :
$ax+ay=0$
Et ainsi $a \times u$ de coordonnées $(ax, ay) \in E$
Et ainsi E est un sev de $\mathbb{R}^2$.

Définition et propriétés d'une base

Famille libre

Une famille de n vecteurs de $\mathbb{R}^n$ (vecteurs ayant n coordonnées) est libre ssi ses vecteurs sont linéairement indépendants. Pour démontrer qu'une famille de n vecteurs $\{u_1, u_2, ..., u_n\}$ de $\mathbb{R}^n$ est libre, on écrit pour tous réels $\lambda_1, \lambda_2, ..., \lambda_n$:

$\lambda_1 u_1 + \lambda_2 u_2 + ... + \lambda_n u_n = 0$ et on doit vérifier si cela implique que $\lambda_1 = \lambda_2 = ... = \lambda_n = 0$

On obtient ainsi un système de n équations à n inconnues $\lambda_1, \lambda_2, ..., \lambda_n$.

Si on obtient $\lambda_1 = \lambda_2 = ... = \lambda_n = 0$ comme unique solution de ce système, la famille $\{u_1, u_2, ..., u_n\}$ est libre.

Si la famille n'est pas libre, on dit qu'elle est **liée**.

Remarque : deux vecteurs colinéaires sont liés.

1er exemple :

Soit $u_1 = (1, 2, 0)$, $u_2 = (0, 1, 2)$ et $u_3 = (1, 2, 1)$.

Pour montrer que $\{u_1, u_2, u_3\}$ forme une famille libre de $\mathbb{R}^3$, on écrit :

Soit λ_1, λ_2 et λ_3 3 réels :
$\lambda_1 u_1 + \lambda_2 u_2 + \lambda_3 u_3 = 0$

On obtient un système de 3 équations à 3 inconnues λ_1, λ_2 et λ_3 :

$$\begin{cases} \lambda_1 + \lambda_3 = 0 \\ 2\lambda_1 + \lambda_2 + 2\lambda_3 = 0 \\ 2\lambda_2 + \lambda_3 = 0 \end{cases}$$

$$\begin{cases} \lambda_3 = -\lambda_1 \\ 2\lambda_1 + \lambda_2 - 2\lambda_1 = 0 \\ 2\lambda_2 - \lambda_1 = 0 \end{cases}$$

$$\begin{cases} \lambda_3 = -\lambda_1 \\ \lambda_2 = 0 \\ 2\lambda_2 = \lambda_1 \end{cases}$$

$$\begin{cases} \lambda_3 = 0 \\ \lambda_2 = 0 \\ \lambda_1 = 0 \end{cases}$$

La seule et unique solution de ce système est $\lambda_1 = \lambda_2 = \lambda_3 = 0$.
Donc la famille $\{u_1, u_2, u_3\}$ est libre.

2e exemple :

Soit $u_1 = (1, 2)$ et $u_2 = (3, 4)$.

Pour montrer que la famille $\{u_1, u_2\}$ est libre, on écrit :
Pour tous réels λ_1 et λ_2 :

$$\lambda_1 u_1 + \lambda_2 u_2 = 0$$

On obtient un système de 2 équations à 2 inconnues :

$$\begin{cases} \lambda_1 + 3\lambda_2 = 0 \\ 2\lambda_1 + 4\lambda_2 = 0 \end{cases}$$

$$\begin{cases} \lambda_1 = -3\lambda_2 \\ -6\lambda_1 + 4\lambda_2 = 0 \end{cases}$$

$$\begin{cases} \lambda_1 = -3\lambda_2 \\ -2\lambda_2 = 0 \end{cases}$$

$$\begin{cases} \lambda_1 = 0 \\ \lambda_2 = 0 \end{cases}$$

Ces deux vecteurs sont donc libres.

3e exemple :

Soit $u_1 = (1, 2)$ et $u_2 = (2, 4)$.

Pour montrer que la famille $\{u_1, u_2\}$ est libre, on écrit :

Pour tous réels λ_1 et λ_2 :
$\lambda_1 u_1 + \lambda_2 u_2 = 0$

On obtient un système de 2 équations à 2 inconnues :

$$\begin{cases} \lambda_1 + 2\lambda_2 = 0 \\ 2\lambda_1 + 4\lambda_2 = 0 \end{cases}$$

$$\begin{cases} \lambda_1 = -2\lambda_2 \\ -4\lambda_1 + 4\lambda_2 = 0 \end{cases}$$

$$\begin{cases} \lambda_1 = -3\lambda_2 \\ 0 = 0 \end{cases}$$

Ce système a une infinité de solutions telles que $\lambda_1 = -3\lambda_2$.

La solution $\lambda_1 = 0$ et $\lambda_2 = 0$ est une solution possible mais elle n'est pas unique. Ainsi, la famille $\{u_1, u_2\}$ n'est pas libre. Elle est donc liée. Les vecteurs u_1 et u_2 sont liés (ou colinéaires). Et on a $u_1 = (1/2) \times u_2$.

Famille génératrice

Une famille est génératrice ssi tout vecteur de cette famille s'écrit sous la forme d'une combinaison linéaire des autres vecteurs de cette famille.

Un espace E est générateur ssi tout vecteur u de E s'écrit sous la forme d'une combinaison linéaire des vecteurs $u_1, u_2, ..., u_n$.

On note $E = \text{vect}\{u_1, u_2, ..., u_n\}$ et $u = a_1 u_1 + a_2 u_2 + ... + a_n u_n$ pour tous réels $a_1, a_2, ..., a_n$.

Propriétés

Une famille de n vecteurs de $\mathbb{R}^n$ qui est à la fois libre et génératrice est une base de $\mathbb{R}^n$.

Une famille libre de n vecteurs de $\mathbb{R}^n$ (vecteurs ayant n coordonnées) est une base de $\mathbb{R}^n$.

Les vecteurs du premier exemple (respectivement du deuxième exemple) de la partie portant sur les familles libres forment une base de $\mathbb{R}^3$ respectivement de $\mathbb{R}^2$. En revanche les vecteurs du troisième exemple ne forment pas une base de $\mathbb{R}^2$ car ils sont liés et non libres.

Applications linéaires

Soit f une application de $\mathbb{R}^n$ dans $\mathbb{R}$. f est une application linéaire ssi pour tout X et Y de $\mathbb{R}^n$, et pour tout réel a :

$$\begin{cases} f(X+Y) = f(X) + f(Y) \\ f(aX) = af(X) \end{cases}$$

2. Matrices non carrées

Définition

Il s'agit d'une matrice à coefficients réels ne comportant pas le même nombre de lignes que de colonnes. On dit que si une matrice A possède *n* lignes et *m* colonnes, elle appartient à l'ensemble des matrices à *n* lignes et *m* colonnes et à coefficients réels. On dit que A appartient à l'ensemble $\mathcal{M}_{n,m}(\mathbb{R})$ où $\mathbb{R}$ désigne l'ensemble des réels.

Addition et soustraction de deux matrices quelconques

Pour effectuer l'addition ou la soustraction de deux matrices A et B, il faut qu'elles aient le même format. C'est-à-dire qu'il faut que ces deux matrices aient le même nombre de lignes et le même nombre de colonnes.

Par exemple :

Soit $A = \begin{pmatrix} 1 & 2 \\ 3 & 4 \\ 5 & 0 \end{pmatrix}$ et $B = \begin{pmatrix} 2 & 2 \\ 6 & 8 \\ 0 & 1 \end{pmatrix}$ deux matrices de $\mathcal{M}_{3,2}(\mathbb{R})$.

$$A + B = \begin{pmatrix} 1 & 2 \\ 3 & 4 \\ 5 & 0 \end{pmatrix} + \begin{pmatrix} 2 & 2 \\ 6 & 8 \\ 0 & 1 \end{pmatrix} = \begin{pmatrix} 1+2 & 2+2 \\ 3+6 & 4+8 \\ 5+0 & 0+1 \end{pmatrix}$$

$$A + B = \begin{pmatrix} 3 & 4 \\ 9 & 12 \\ 5 & 1 \end{pmatrix}$$

Ce calcul est possible car ces deux matrices sont de même format : elles ont chacune le même nombre de lignes (3) et le même nombre de colonnes (2).

En revanche, l'addition ou la soustraction de $C = \begin{pmatrix} 2 & 2 \\ 3 & 8 \\ 0 & 5 \end{pmatrix}$ et de $D = \begin{pmatrix} 1 \\ 2 \end{pmatrix}$

sont impossibles car ce sont deux matrices de formats différents.

Multiplication d'une matrice quelconque par un réel

La multiplication d'une matrice par un réel a consiste à multiplier chacun des coefficients de cette matrice par a.

Par exemple :

$A = \begin{pmatrix} 2 & 2 \\ 3 & 8 \\ 0 & 1 \end{pmatrix}$ et a réel, alors :

$$a \times A = \begin{pmatrix} 2a & 2a \\ 3a & 8a \\ 0 & a \end{pmatrix}$$

Produit de deux matrices quelconques

Conditions pour que le produit de deux matrices quelconques soit possible

Le produit AB de deux matrices A et B n'est possible que si le nombre de colonnes de A est égal au nombre de lignes de B.

Le produit d'une matrice de $\mathcal{M}_{n,m}(\mathbb{R})$ par une matrice de $\mathcal{M}_{m,p}(\mathbb{R})$) donne une matrice de $\mathcal{M}_{n,p}(\mathbb{R})$.

Attention car le produit de deux matrices n'est pas commutatif : AB $\neq$ BA

Exemple :

Soit $A = \begin{pmatrix} 1 & 0 \\ 2 & 1 \\ 3 & 5 \end{pmatrix}$ et $B = \begin{pmatrix} 1 & 2 & 3 \\ 0 & 4 & 0 \end{pmatrix}$

Le produit AB est possible car le nombre de colonnes de A qui est de 2 est égal au nombre de lignes de B qui est aussi de 2.

Le produit AB donne une matrice de $\mathcal{M}_{3,3}(\mathbb{R}) = \mathcal{M}_3(\mathbb{R})$. En effet, le produit d'une matrice de $\mathcal{M}_{3,2}(\mathbb{R})$ par une matrice de $\mathcal{M}_{2,3}(\mathbb{R})$ donne une matrice de $\mathcal{M}_3(\mathbb{R})$.

$$AB = \begin{pmatrix} 1 & 0 \\ 2 & 1 \\ 3 & 5 \end{pmatrix} \times \begin{pmatrix} 1 & 2 & 3 \\ 0 & 4 & 0 \end{pmatrix} = \begin{pmatrix} 1\times 0+0\times 0 & 1\times 2+0\times 4 & 1\times 3+0\times 0 \\ 2\times 1+1\times 0 & 2\times 2+1\times 4 & 2\times 3+1\times 0 \\ 3\times 1+5\times 0 & 3\times 2+5\times 4 & 3\times 3+5\times 0 \end{pmatrix}$$

$$AB = \begin{pmatrix} 1 & 2 & 3 \\ 2 & 8 & 6 \\ 3 & 26 & 9 \end{pmatrix}$$

Le produit BA est possible car le nombre de colonnes de B (qui est de 3) est égal au nombre de lignes de A (qui est aussi de 3).

En effectuant le produit BA, on obtient une matrice $\mathcal{M}_2(\mathbb{R})$:

$$BA = \begin{pmatrix} 1 & 2 & 3 \\ 0 & 4 & 0 \end{pmatrix} \times \begin{pmatrix} 1 & 0 \\ 2 & 1 \\ 3 & 5 \end{pmatrix} = \begin{pmatrix} 1\times 1+2\times 2+3\times 3 & 1\times 0+2\times 1+3\times 5 \\ 0\times 1+4\times 2+0\times 5 & 0\times 0+4\times 1+0\times 5 \end{pmatrix}$$

$$BA = \begin{pmatrix} 14 & 17 \\ 8 & 4 \end{pmatrix}$$

AB est bien différent de BA.

Transposée d'une matrice

On note la transposée d'une matrice A : ${}^{T}A$. On obtient la transposée de A en inversant les lignes et les colonnes de A.

Par exemple, si A est une matrice à 2 lignes et 3 colonnes, sa transposée aura 3 lignes et 2 colonnes :

Si $\begin{pmatrix} 1 & 2 & 3 \\ 0 & 4 & 0 \end{pmatrix}$ alors la transposée de A, ${}^{T}A = \begin{pmatrix} 1 & 0 \\ 2 & 4 \\ 3 & 0 \end{pmatrix}$

Propriétés :

- Si ${}^{T}A = A$ alors A est symétrique
- Si ${}^{T}A = -A$ alors A est antisymétrique
- ${}^{T}(AB) = {}^{T}B\,{}^{T}A$
- ${}^{T}(aA + bB) = a\,{}^{T}A + b\,{}^{T}B$
- ${}^{T}(A^{-1}) = ({}^{T}A^{-1})$

Note :

La détermination de l'image du noyau ainsi que le calcul du rang d'une matrice sont traités dans la partie portant sur les matrices carrées. Or cela est applicable aussi pour les matrices non carrées.

Matrice d'une application linéaire

Soit f une application linéaire de $\mathbb{R}^n$ dans $\mathbb{R}^n$. Soit X un vecteur de $\mathbb{R}^n$.

Alors si A est la matrice associée à f, on a :

$f(X) = AX$

Exemple :

Soit f la fonction linéaire définie de $\mathbb{R}^3$ dans $\mathbb{R}^2$ par :

$$f(X) = \begin{pmatrix} ax + by + cz \\ dx + ey + fz \end{pmatrix}$$

La matrice A associée à f est donc :

$$A = \begin{pmatrix} a & b & c \\ d & e & f \end{pmatrix}$$

Autre exemple :

$$f(x) = ax + by$$

La matrice A associée à f est :

$$A = \begin{pmatrix} a & b \end{pmatrix}$$

3. Matrices carrées

Formules des matrices carrées 2×2

Formules d'addition, de soustraction et de multiplication

Pour toutes ces opérations, ce sont les mêmes formules que pour les matrices quelconques. Sauf que dans le cas de matrices carrées ces opérations sont toutes possibles.

Trace d'une matrice

La trace d'une matrice A carrée (obligatoirement carrée) est la somme de ses termes diagonaux. Elle est notée Tr(A).

Par exemple, si $A = \begin{pmatrix} a & b & c \\ d & e & f \\ g & h & i \end{pmatrix}$

$\mathrm{Tr}(A) = a + e + i$

Si $A = \begin{pmatrix} 1 & 2 & 1 \\ 0 & 2 & 1 \\ 2 & 1 & 0 \end{pmatrix}$

$\mathrm{Tr}(A) = 1 + 2 + 0 = 3$

Formule d'inversion d'une matrice 2×2

Une matrice carrée d'ordre n est inversible ssi son déterminant est non nul. Soit A la matrice 2×2 définie par :

$A = \begin{pmatrix} a & b \\ c & d \end{pmatrix}$ et a, b, c et d réels tels que $\det(A) \neq 0$ tels que $ad - bc \neq 0$

Alors $A^{-1} = (1/(ad - bc)) \times \begin{pmatrix} d & -b \\ -c & a \end{pmatrix}$

Exemple :

$$A = \begin{pmatrix} 1 & 2 \\ 0 & 3 \end{pmatrix}$$

$\text{Det}(A) = 1 \times 3 - 0 \times 2 = 3 \neq 0$
Donc A est inversible et :

$$A^{-1} = (1/3) \times \begin{pmatrix} 3 & -2 \\ 0 & 1 \end{pmatrix}$$

Les déterminants

Le déterminant d'une matrice est très utile car il permet d'affirmer si une matrice est inversible ou non.

A inversible ssi $\det(A) \neq 0$

Déterminant d'une matrice 2 × 2

$$\text{Soit } A = \begin{pmatrix} a & b \\ c & d \end{pmatrix}$$

$$\text{Det}(A) = \begin{vmatrix} a & b \\ c & d \end{vmatrix} = ad - bc$$

Déterminant d'une matrice d'ordre 3 et d'ordre supérieur à 3

$$\text{Soit } A = \begin{pmatrix} a & b & c \\ d & e & f \\ g & h & i \end{pmatrix}$$

$$\det(A) = \begin{vmatrix} a & b & c \\ d & e & f \\ g & h & i \end{vmatrix}$$

On choisit une colonne pour calculer le déterminant (on choisit une colonne où il y a des nombres simples comme 0 ou 1 ou autre).

Si on choisit la première colonne, on a :

$$\mathrm{Det}(\mathrm{A}) = a \times \begin{vmatrix} e & f \\ h & i \end{vmatrix} + (-d) \times \begin{vmatrix} b & c \\ h & i \end{vmatrix} + g \times \begin{vmatrix} b & c \\ e & f \end{vmatrix}$$

On multiplie chacun des déterminants 2×2 par le premier nombre de la colonne, puis par l'opposé du deuxième nombre de cette même colonne et enfin par le troisième nombre de cette même colonne.
Les déterminants 2×2 sont déterminés de la manière suivante : pour le 1er déterminant 2×2, on supprime la colonne choisie comme facteur et la ligne où se situe le 1er nombre de cette colonne. Pour le 2e déterminant et le 3e déterminant, on fait de même avec le 2e et le 3e chiffre de la colonne.

Ainsi, on obtient :

$$\mathrm{Det}(\mathrm{A}) = a \times (ei - hf) - d \times (bi - hc) + g \times (bf - ec)$$

Pour des matrices $n \times n$ la méthode reste la même. Surtout ne pas oublier d'alterner les signes des nombres qui multiplient les déterminants ! Le premier nombre est positif, le deuxième est négatif, le troisième est positif, et ainsi de suite. Un moyen pour ne pas faire d'erreur : encadrer la colonne choisie pour calculer le déterminant. Et pour ne pas oublier d'alterner le signe des nombres de la colonne, mettre des signes « + » et « – » devant.

Exemple :

$$\mathrm{A} = \begin{pmatrix} 1 & 2 & 1 \\ 0 & 2 & 1 \\ 2 & 1 & 0 \end{pmatrix}$$

La première colonne a un « 0 », on la choisit donc pour le calcul du déterminant :

$$\mathrm{Det}(\mathrm{A}) = 1 \times \begin{vmatrix} 2 & 1 \\ 1 & 0 \end{vmatrix} + (-0) \times \begin{vmatrix} 2 & 1 \\ 1 & 0 \end{vmatrix} + 2 \times \begin{vmatrix} 2 & 1 \\ 2 & 1 \end{vmatrix}$$

$$\text{Det}(A) = 1 \times (2 \times 0 - 1 \times 1) - 0 + 2 \times (2 \times 1 - 2 \times 1)$$

$$\text{Det}(A) = 1 \times (-1) = -1 \neq 0$$

Donc on peut affirmer que A est inversible.

Méthode du pivot de Gauss

La méthode de Gauss est utilisée pour la détermination du rang d'une matrice ainsi que pour le calcul de l'inverse d'une matrice.

Cette méthode consiste à additionner, soustraire ou multiplier par un réel les lignes de la matrice afin de faire apparaître des zéros à des endroits stratégiques de la matrice. Cette technique est utilisée, par exemple, dans le cas du calcul de la réduite de Gauss d'une matrice et dans le cas du calcul de l'inverse d'une matrice.

Exemple :

On cherche à inverser :

$$A = \begin{pmatrix} 1 & 2 & 1 \\ 1 & 1 & 1 \\ 2 & 1 & 1 \end{pmatrix}$$

Matrice à inverser	Matrice identité
$A = \begin{pmatrix} 1 & 2 & 1 \\ 1 & 1 & 1 \\ 2 & 1 & 1 \end{pmatrix}$	$\begin{pmatrix} 1 & 0 & 0 \\ 0 & 1 & 0 \\ 0 & 0 & 1 \end{pmatrix}$
$L_3 = 2L_1 - L_3$	$L_3 = 2L_1 - L_2$
$\begin{pmatrix} 1 & 2 & 1 \\ 1 & 1 & 1 \\ 0 & 3 & 1 \end{pmatrix}$	$\begin{pmatrix} 1 & 0 & 0 \\ 0 & 1 & 0 \\ 2 & 0 & -1 \end{pmatrix}$

Matrice à inverser	Matrice identité
$L_2 = L_1 - L_2$	$L_2 = L_1 - L_2$
$\begin{pmatrix} 1 & 2 & 1 \\ 0 & 1 & 0 \\ 0 & 3 & 1 \end{pmatrix}$	$\begin{pmatrix} 1 & 0 & 0 \\ 1 & -1 & 0 \\ 2 & 0 & -1 \end{pmatrix}$
$L_3 = 3L_2 - L_3$	$L_3 = 3L_2 - L_3$
$R_A = \begin{pmatrix} 1 & 2 & 1 \\ 0 & 1 & 0 \\ 0 & 0 & -1 \end{pmatrix}$	$\begin{pmatrix} 1 & 0 & 0 \\ 1 & -1 & 0 \\ 1 & -3 & 1 \end{pmatrix}$

À cette étape, on a la réduite de Gauss de A. Elle est notée R_A.

Elle est obtenue lorsque l'on a un « triangle de zéros » sous la diagonale.

$$R_A = \begin{pmatrix} 1 & 2 & 1 \\ 0 & 1 & 0 \\ 0 & 0 & -1 \end{pmatrix}$$

$L_1 = L_1 + L_3$	$L_1 = L_1 + L_3$
$R_A = \begin{pmatrix} 1 & 2 & 1 \\ 0 & 1 & 0 \\ 0 & 0 & -1 \end{pmatrix}$	$\begin{pmatrix} 2 & -3 & 1 \\ 1 & -1 & 0 \\ 1 & -3 & 1 \end{pmatrix}$
$L_1 = L_1 - 2L_2$	$L_1 = L_1 - 2L_2$
$\begin{pmatrix} 1 & 0 & 0 \\ 0 & 1 & 0 \\ 0 & 0 & -1 \end{pmatrix}$	$\begin{pmatrix} 0 & -1 & 1 \\ 1 & -1 & 0 \\ 1 & -3 & 1 \end{pmatrix}$
$L_3 = - L_3$	$L_3 = - L_3$
$\begin{pmatrix} 1 & 0 & 0 \\ 0 & 1 & 0 \\ 0 & 0 & 1 \end{pmatrix}$	$A^{-1} = \begin{pmatrix} 0 & -1 & 1 \\ 1 & -1 & 0 \\ -1 & 3 & -1 \end{pmatrix}$

À cette dernière étape, on obtient la matrice identité dans la colonne de gauche.

Ainsi, la matrice obtenue dans la colonne de droite est la matrice inverse de A : A^{-1}.

On peut vérifier ce calcul en effectuant le produit AA^{-1} ou $A^{-1}A$. Dans les deux cas, on doit obtenir la matrice identité.

$AA^{-1} = A^{-1}A = I_3$
où I_3 est la matrice identité d'ordre 3.

Théorème du rang et diagonalisation

Image et rang d'une matrice

L'image d'une matrice A est l'ensemble noté Im(A) tel que :

$\mathrm{Im}(A) = \{X \in \mathcal{R}^n / Y \in \mathcal{R}^n \text{ tel que } Y = AX\}$

Pour obtenir l'image d'une matrice, on utilise la méthode du pivot de Gauss jusqu'à obtenir la réduite de Gauss. Le nombre de pivots (termes situés sur la diagonale de la réduite de Gauss) non nuls donne le nombre de vecteurs colonnes libres (ou indépendants) de la matrice initiale. La colonne où se situe le pivot nul constitue un vecteur non libre.

$\mathrm{Im}(A) = \mathrm{Vect}\{(u_1), (u_2), ..., (u_n)\}$

où u_1, u_2, ..., et u_n sont les n vecteurs libres de la matrice A.

Tout vecteur u de Im(A) s'écrit sous la forme d'une combinaison linéaire des vecteurs colonnes libres (ou indépendants) de A.

Attention pour cette dernière écriture à ne prendre que les vecteurs colonnes de la matrice initiale A et surtout pas ceux de la réduite de Gauss !

Le nombre de vecteurs libres d'une matrice peut aller de un vecteur au nombre total de vecteurs colonnes de la matrice (s'ils sont tous indépendants).

Remarque :
On peut très bien déterminer le nombre de vecteurs colonnes libres d'une matrice en utilisant aussi la méthode décrite dans la première partie où l'on démontre qu'une famille de vecteurs est libre ou non.

La méthode du pivot est avantageuse dans la mesure où elle permet de calculer la réduite de Gauss d'une matrice A. Cette réduite permet de gagner du temps pour le calcul du noyau de la matrice mais aussi pour calculer l'inverse de la matrice A.

Le rang d'une matrice est le nombre de pivots non nuls de la réduite de Gauss ou bien encore le rang est égal au nombre de vecteurs colonnes libres (ou indépendants) de la matrice initiale.

Le rang de A est aussi la dimension de l'image de A.

Exemple :

Matrice
$A = \begin{pmatrix} 1 & 2 & 1 \\ 1 & 1 & 1 \\ 2 & 1 & 1 \end{pmatrix}$
$L_3 = 2L_1 - L_3$
$\begin{pmatrix} 1 & 2 & 1 \\ 1 & 1 & 1 \\ 0 & 3 & 1 \end{pmatrix}$
$L_2 = L_1 - L_2$
$\begin{pmatrix} 1 & 2 & 1 \\ 0 & 1 & 0 \\ 0 & 3 & 1 \end{pmatrix}$
$L_3 = 3L_2 - L_3$
$R_A = \begin{pmatrix} 1 & 2 & 1 \\ 0 & 1 & 0 \\ 0 & 0 & -1 \end{pmatrix}$

La réduite de Gauss de A est donc : $R_A = \begin{pmatrix} \boxed{1} & 2 & 1 \\ 0 & \boxed{1} & 0 \\ 0 & 0 & \boxed{-1} \end{pmatrix}$

Cette réduite de Gauss a trois pivots non nuls. Le rang de A est donc 3 et l'image de A est l'espace engendré par les trois vecteurs colonnes de A.

$$\text{Im}(A) = \text{Vect}\left\{\begin{pmatrix} 1 \\ 1 \\ 2 \end{pmatrix}, \begin{pmatrix} 2 \\ 1 \\ 1 \end{pmatrix}, \begin{pmatrix} 1 \\ 1 \\ 1 \end{pmatrix}\right\}$$

Cet espace est de dimension 3 et une base de l'image de A est :

$$\left\{\begin{pmatrix} 1 \\ 1 \\ 2 \end{pmatrix}, \begin{pmatrix} 2 \\ 1 \\ 1 \end{pmatrix}, \begin{pmatrix} 1 \\ 1 \\ 1 \end{pmatrix}\right\}$$

Noyau d'une matrice

Le noyau d'une matrice A est noté Ker(A), où « ker » vient du terme allemand « kern » qui signifie noyau.

$\text{Ker}(A) = \{X \in \mathcal{R}^n / AX = \Phi\}$ = matrice nulle

Pour obtenir le noyau d'une matrice A, on résout le système $AX = \Phi$, ce qui revient à un système de *n* équations à *n* inconnues.

Or $AX = \Phi$ équivaut à $R_A X = \Phi$ où R_A = réduite de Gauss de A.
Cette équivalence simplifie très largement les calculs et permet alors de résoudre un système ayant une forme triangulaire.

On obtient alors une ou plusieurs expressions des différentes variables entre elles, ce qui permet d'obtenir un espace comportant des vecteurs libres mettant en valeur ces relations.

La dimension de Ker(A) est le nombre de vecteurs libres obtenus en résolvant le système et contenus dans cet espace.

Dans l'exemple précédent :

$AX = \Phi$ ssi $R_A X = \Phi$

ssi $\begin{pmatrix} 1 & 2 & 1 \\ 0 & 1 & 0 \\ 0 & 0 & -1 \end{pmatrix} \times \begin{pmatrix} x \\ y \\ z \end{pmatrix} = \begin{pmatrix} 0 \\ 0 \\ 0 \end{pmatrix}$

ssi $\begin{cases} x + 2y + z = 0 \\ y = 0 \\ -z = 0 \end{cases}$

Ainsi : $x = y = z = 0$

$\mathrm{Ker}(A) = \mathrm{Vect}\left\{\begin{pmatrix} 0 \\ 0 \\ 0 \end{pmatrix}\right\}$ et $\dim \mathrm{Ker}(A) = 0$ car il s'agit du vecteur nul.

Pour tout autre vecteur $\begin{pmatrix} a \\ b \\ c \end{pmatrix}$ non nul $\dim \mathrm{Vect}\left\{\begin{pmatrix} a \\ b \\ c \end{pmatrix}\right\} = 1$

Théorème du rang

$\mathrm{Dim}(\mathrm{Ker}(A)) + \dim(\mathrm{Im}(A)) = \dim(R^n)$ = nombre de vecteurs colonnes de A

$\mathrm{Dim}(\mathrm{Ker}(A)) + \mathrm{rang}(A) = \dim(R^n)$ = nombre de vecteurs colonnes de A

Dans l'exemple précédent, le théorème du rang est bien vérifié :
$\dim \mathrm{Ker}(A) + \mathrm{rang}(A) = \dim(R^3)$
$0 + 3 = 3$

Diagonalisation

La diagonalisation d'une matrice A permet de l'écrire sous la forme $A = PDP^{-1}$ où D est une matrice diagonale. Cette expression est très avantageuse car elle permet de calculer A^n en utilisant l'égalité :

$A^n = PD^nP^{-1}$.

Comment savoir si une matrice A carrée d'ordre *n* est diagonalisable et comment diagonaliser une matrice ?

A est diagonalisable ssi il existe une matrice P inversible et une matrice D diagonale telles que : $A = PDP^{-1}$.

On calcule d'abord les valeurs propres de A en résolvant l'équation $\det(A - \lambda I) = 0$

Si A a *n* valeurs propres distinctes (différentes), alors elle est forcément diagonalisable.

Si A a des valeurs propres identiques (doubles ou triples, etc.) alors la somme des dimensions de ses sous-espaces propres (associés aux valeurs propres) doit être égale à *n*.

Comment obtient-on les vecteurs propres ?

Une fois les valeurs propres calculées, on détermine les vecteurs propres associés aux différentes valeurs propres en résolvant le système :

$AX = \lambda X$ où X est un vecteur de $\mathcal{R}^n$.

On obtient une relation entre les variables, ce qui permet de déterminer un vecteur propre associé à la valeur propre λ. Il peut y avoir plusieurs vecteurs propres (libres) pour une même valeur propre. Cela dépend si elle est simple (un vecteur libre), double (2 vecteurs libres) ou triple (3 vecteurs libres), etc.

Il y a une infinité de séries de vecteurs propres pour une valeur propre λ.

Si on trouve par exemple à l'issue du système la relation : $y = 2x$ et $z = 0$.

Alors tout vecteur de la forme $\begin{pmatrix} x \\ 2x \\ 0 \end{pmatrix}$ sera un vecteur propre associé à λ.

Il y a une infinité de vecteurs dans la mesure où x peut prendre une infinité de valeurs dans $\mathcal{R}$. On choisit en général des valeurs simples pour x comme 1 ou 2. Ainsi $\begin{pmatrix} 1 \\ 2 \\ 0 \end{pmatrix}$ est un vecteur propre associé à λ.

Autre exemple : si on trouve par exemple à l'issue du système la relation : $y = 2x + z$., alors tout vecteur de la forme $\begin{pmatrix} x \\ 2x + z \\ z \end{pmatrix} = \begin{pmatrix} x \\ 2x \\ 0 \end{pmatrix} + \begin{pmatrix} 0 \\ z \\ z \end{pmatrix}$ sera un vecteur propre associé à λ.

Il y a une infinité de vecteurs dans la mesure où x et z peuvent prendre une infinité de valeurs dans $\mathcal{R}$.

On choisit en général des valeurs simples pour x et z comme 1 ou 2. Ici on choisit les deux vecteurs propres :

$\begin{pmatrix} 1 \\ 2 \\ 0 \end{pmatrix}$ et $\begin{pmatrix} 0 \\ 1 \\ 1 \end{pmatrix}$.

Comment obtient-on les sous-espaces propres ?

Une fois les vecteurs propres obtenus, on écrit les sous-espaces propres associés aux valeurs propres.

Le sous-espace propre E_λ associé à la valeur propre λ est :

$E_\lambda = \text{Vect}\{\text{vecteurs propres associés à } \lambda\}$

La dimension de E_λ, notée $\text{Dim}(E_\lambda)$, est le nombre de vecteurs propres associés à la valeur propre λ.

Diagonalisation de A

Une fois ces étapes réalisées, on peut écrire A sous la forme $A = PDP^{-1}$ où :

D = matrice diagonale comportant les valeurs propres sur sa diagonale.

P = matrice des vecteurs propres

Pour P, il faut mettre les vecteurs propres dans l'ordre où l'on a placé les valeurs propres dans la diagonale. Si la première valeur propre placée dans D est λ, il faut que le premier vecteur (ou les premiers vecteurs) placé dans P soit celui associé à cette même valeur propre λ.

Exemple de matrice à diagonaliser :

Soit A la matrice 2×2 définie par $A = \begin{pmatrix} 1 & 2 \\ 2 & 1 \end{pmatrix}$

On cherche les valeurs propres :

$\text{Det}(A - \lambda I) = 0$

$$\leftrightarrow \begin{vmatrix} 1-\lambda & 2 \\ 2 & 1-\lambda \end{vmatrix} = 0$$

$$\leftrightarrow (1-\lambda)^2 - 4 = 0$$

$$\leftrightarrow (1-\lambda-2)(1-\lambda+2) = 0$$

$$\leftrightarrow (-\lambda-1)(3-\lambda) = 0$$

$$\leftrightarrow \lambda = -1 \text{ ou } \lambda = 3$$

A admet deux valeurs propres distinctes, elle est donc diagonalisable. Il existe donc une matrice D diagonale telle que $D = \begin{pmatrix} -1 & 0 \\ 0 & 3 \end{pmatrix}$ et une matrice P inversible. Pour obtenir P, il faut déterminer les vecteurs propres associés aux valeurs propres -1 et 3.

On détermine ensuite les vecteurs propres :

Vecteur propre associé à -1 :

Tout vecteur X de coordonnées (x, y) de $\mathcal{R}^2$ est vecteur propre associé à la valeur propre -1 ssi $AX = -X$.

$$\text{ssi} \begin{pmatrix} 1 & 2 \\ 2 & 1 \end{pmatrix} \times \begin{pmatrix} x \\ y \end{pmatrix} = \begin{pmatrix} -x \\ -y \end{pmatrix}$$

$$\text{ssi} \begin{pmatrix} x + 2y \\ 2x + y \end{pmatrix} = \begin{pmatrix} -x \\ -y \end{pmatrix}$$

$$\text{ssi} \begin{cases} x + 2y = -x \\ 2x + y = -y \end{cases}$$

$$\text{ssi} \begin{cases} 2x + 2y = 0 \\ 2x + 2y = 0 \end{cases}$$

ssi $y = -x$

Tout vecteur de la forme $\begin{pmatrix} x \\ -x \end{pmatrix}$, x réel, est vecteur propre associé à la valeur propre -1.

On choisit $x = 1$ et $\begin{pmatrix} 1 \\ -1 \end{pmatrix}$ est un vecteur propre associé à la valeur propre -1.

Vecteur propre associé à 3 :

Tout vecteur X de coordonnées (x, y) de $\mathcal{R}^2$ est vecteur propre associé à la valeur propre 3 ssi $AX = 3X$.

$$\text{ssi} \begin{pmatrix} 1 & 2 \\ 2 & 1 \end{pmatrix} \times \begin{pmatrix} x \\ y \end{pmatrix} = \begin{pmatrix} 3x \\ 3y \end{pmatrix}$$

$$\text{ssi} \begin{pmatrix} x + 2y \\ 2x + y \end{pmatrix} = \begin{pmatrix} 3x \\ 3y \end{pmatrix}$$

ssi $\begin{cases} x + 2y = 3x \\ 2x + y = 3y \end{cases}$

ssi $\begin{cases} -2x + 2y = 0 \\ 2x - 2y = 0 \end{cases}$

ssi $y = x$

Tout vecteur de la forme $\begin{pmatrix} x \\ x \end{pmatrix}$, x réel, est vecteur propre associé à la valeur propre 3.

On choisit x = 1 et $\begin{pmatrix} 1 \\ 1 \end{pmatrix}$ est un vecteur propre associé à la valeur propre 3.

On diagonalise A :

On peut ainsi écrire $P = \begin{pmatrix} 1 & 1 \\ -1 & 1 \end{pmatrix}$

Attention à l'ordre des vecteurs ! On a choisi de placer la valeur propre −1 en premier dans la diagonale dans la matrice D, on place donc en premier le vecteur propre associé à la valeur propre −1.

On calcule P^{-1} en ayant vérifié que P est bien inversible : son déterminant vaut 2 et est donc non nul.

On applique la formule d'inversion d'une matrice 2×2 et on obtient : $P^{-1} = \begin{pmatrix} 1/2 & -1/2 \\ 1/2 & 1/2 \end{pmatrix}$

A s'écrit sous la forme $A = PDP^{-1} = \begin{pmatrix} 1 & 1 \\ -1 & 1 \end{pmatrix}\begin{pmatrix} -1 & 0 \\ 0 & 3 \end{pmatrix}\begin{pmatrix} 1/2 & -1/2 \\ 1/2 & 1/2 \end{pmatrix}$.

En effectuant ce calcul, on obtient bien A.

Exemple où la matrice a deux valeurs propres égales :

Soit B la matrice 2×2 définie par $B = \begin{pmatrix} 1 & 2 \\ 0 & 1 \end{pmatrix}$

On cherche les valeurs propres :

$\text{Det}(A - \lambda I) = 0$

$$\leftrightarrow \begin{vmatrix} 1-\lambda & 2 \\ 0 & 1-\lambda \end{vmatrix} = 0$$

$\leftrightarrow (1-\lambda)^2 - 0 = 0$

$\leftrightarrow (1-\lambda)^2 = 0$

$\leftrightarrow \lambda = 1$ est valeur propre double

A admet une unique valeur propre, on ne peut pas encore savoir si elle est diagonalisable. Il faut déterminer les vecteurs propres ainsi que les sous-espaces propres associés à la valeur propre double 1.

On détermine les vecteurs propres :

Vecteur propre associé à 1 :

Tout vecteur X de coordonnées (x, y) de $\mathcal{R}^2$ est vecteur propre associé à la valeur propre 1 ssi $AX = X$

$$\text{ssi} \begin{pmatrix} 1 & 2 \\ 0 & 1 \end{pmatrix} \times \begin{pmatrix} x \\ y \end{pmatrix} = \begin{pmatrix} x \\ y \end{pmatrix}$$

$$\text{ssi} \begin{pmatrix} x + 2y \\ y \end{pmatrix} = \begin{pmatrix} x \\ y \end{pmatrix}$$

$$\text{ssi} \begin{cases} x + 2y = x \\ y = y \end{cases}$$

$$\text{ssi} \begin{cases} 2y = 0 \\ y = y \end{cases}$$

ssi x est un réel quelconque et $y = 0$

Tout vecteur de la forme $\begin{pmatrix} x \\ 0 \end{pmatrix}$, x réel, est vecteur propre associé à la valeur propre 1.

On choisit $x = 1$ et $\begin{pmatrix} 1 \\ 0 \end{pmatrix}$ est un vecteur propre associé à la valeur propre 1.

On n'obtient qu'un seul vecteur propre $\begin{pmatrix} 1 \\ 0 \end{pmatrix}$ et donc le sous-espace propre associé à la valeur propre 1 est $E_1 = \text{Vect}\left\{\begin{pmatrix} 1 \\ 0 \end{pmatrix}\right\}$ et sa dimension est 1.

La somme des dimensions des sous-espaces propres est donc 1. Or A est une matrice 2×2 et pour qu'elle soit diagonalisable, il faut que la somme des sous-espaces propres soit égale à 2 et non à 1.

Ainsi, A n'est pas diagonalisable.

Calcul de la puissance $n^{\text{ième}}$ d'une matrice

Puissance $n^{\text{ième}}$ d'une matrice diagonale

Si A est une matrice diagonale, alors A^n est la matrice diagonale dont les termes diagonaux sont les termes diagonaux de A élevés à la puissance n.

Exemple :

$$\text{Si } A = \begin{pmatrix} 2 & 0 & 0 \\ 0 & 3 & 0 \\ 0 & 0 & 1 \end{pmatrix}, \text{ alors } A^n = \begin{pmatrix} 2^n & 0 & 0 \\ 0 & 3^n & 0 \\ 0 & 0 & 1^n \end{pmatrix} = \begin{pmatrix} 2^n & 0 & 0 \\ 0 & 3^n & 0 \\ 0 & 0 & 1 \end{pmatrix}$$

Méthode avec le binôme de Newton

Rappel :

La formule du binôme de Newton est la suivante :

$$(a+b)^n = \sum_{k=0}^{n} \binom{n}{k} a^k b^{n-k} \quad \text{où} \quad \binom{n}{k} = \frac{n!}{k!(n-k)!}$$

Lorsque l'on a la somme de deux matrices élevée à la puissance n, on peut utiliser cette formule :

$$(A+B)^n = \sum \binom{n}{k} \times A^k B^{n-k}$$

Par exemple :

$$\text{Soit } A = \begin{pmatrix} 1 & 2 & 0 \\ 0 & 1 & 2 \\ 0 & 0 & 1 \end{pmatrix}$$

Pour calculer A^n, il faut remarquer que A s'écrit sous la forme de la somme de deux matrices simples :

$$A = \begin{pmatrix} 1 & 0 & 0 \\ 0 & 1 & 0 \\ 0 & 0 & 1 \end{pmatrix} + \begin{pmatrix} 0 & 2 & 0 \\ 0 & 0 & 2 \\ 0 & 0 & 0 \end{pmatrix} = I_3 + J \text{ où } I_3 \text{ est la matrice identité d'ordre 3.}$$

On remarque que J^n est nulle à partir d'un certain n :

$$J = \begin{pmatrix} 0 & 2 & 0 \\ 0 & 0 & 2 \\ 0 & 0 & 0 \end{pmatrix}$$

$$J^2 = \begin{pmatrix} 0 & 2 & 0 \\ 0 & 0 & 2 \\ 0 & 0 & 0 \end{pmatrix} \times \begin{pmatrix} 0 & 2 & 0 \\ 0 & 0 & 2 \\ 0 & 0 & 0 \end{pmatrix} = \begin{pmatrix} 0 & 0 & 4 \\ 0 & 0 & 0 \\ 0 & 0 & 0 \end{pmatrix}$$

$$J^3 = \begin{pmatrix} 0 & 2 & 0 \\ 0 & 0 & 2 \\ 0 & 0 & 0 \end{pmatrix} \times \begin{pmatrix} 0 & 0 & 4 \\ 0 & 0 & 0 \\ 0 & 0 & 0 \end{pmatrix} = \begin{pmatrix} 0 & 0 & 0 \\ 0 & 0 & 0 \\ 0 & 0 & 0 \end{pmatrix}$$

À partir de $n = 3$, $J^n = \Phi$

$$A^n = (J + I)^n = \sum_{k=0}^{n} \binom{n}{k} \times J^k I_3^{n-k} = \binom{n}{0} \times J^0 I_3^{n-0} + \binom{n}{1} \times J^1 I_3^{n-1} + \binom{n}{2} \times J^2 I_3^{n-3} + \Phi$$

car $J^n = \Phi$ à partir de $n = 3$.

$A^n = 1 \times I + n \times JI + (n(n-1)/2) \times J^2 I$

car $I^n = I$ pour tout n entier naturel

$A^n = I + n \times J + (n(n-1)/2) \times J^2$

$$A^n = \begin{pmatrix} 1 & 0 & 0 \\ 0 & 1 & 0 \\ 0 & 0 & 1 \end{pmatrix} + n \times \begin{pmatrix} 0 & 2 & 0 \\ 0 & 0 & 2 \\ 0 & 0 & 0 \end{pmatrix} + (n(n-1)/2) \times \begin{pmatrix} 0 & 0 & 4 \\ 0 & 0 & 0 \\ 0 & 0 & 0 \end{pmatrix}$$

$$A^n = \begin{pmatrix} 1 & 2n & 2n(n-1) \\ 0 & 1 & 2n \\ 0 & 0 & 1 \end{pmatrix}$$

Méthode avec la diagonalisation

Lorsque A est diagonalisable, elle s'écrit $A = PDP^{-1}$, alors on peut écrire directement que $A^n = PD^nP^{-1}$.

Ainsi, dans l'exemple traité dans la partie diagonalisation, on a :

$A^n = PD^nP^{-1}$ où D est la matrice diagonale des valeurs propres et P est la matrice des vecteurs propres associés aux valeurs propres.

$$A = \begin{pmatrix} 1 & 2 \\ 2 & 1 \end{pmatrix} = PDP^{-1} = \begin{pmatrix} 1 & 1 \\ -1 & 1 \end{pmatrix} \times \begin{pmatrix} -1 & 0 \\ 0 & 3 \end{pmatrix} \times \begin{pmatrix} 1/2 & -1/2 \\ 1/2 & 1/2 \end{pmatrix}$$

$$A^n = PD^nP^{-1} = \begin{pmatrix} 1 & 1 \\ -1 & 1 \end{pmatrix} \times \begin{pmatrix} (-1)^n & 0 \\ 0 & 3^n \end{pmatrix} \times \begin{pmatrix} 1/2 & -1/2 \\ 1/2 & 1/2 \end{pmatrix}$$

$$A^n = \begin{pmatrix} (-1)^n & 3^n \\ -(-1)^n & 3^n \end{pmatrix} \times \begin{pmatrix} 1/2 & -1/2 \\ 1/2 & 1/2 \end{pmatrix}$$

$$A^n = \begin{pmatrix} \left(\frac{1}{2}\right) \times (-1)^n + \left(\frac{1}{2}\right) \times 3^n & -\left(\frac{1}{2}\right) \times (-1)^n + \left(\frac{1}{2}\right) \times 3^n \\ -\left(\frac{1}{2}\right) \times (-1)^n + \left(\frac{1}{2}\right) \times 3^n & \left(\frac{1}{2}\right) \times (-1)^n + \left(\frac{1}{2}\right) \times 3^n \end{pmatrix}$$

4. Systèmes linéaires AX = *b*

Résolution d'un système

On considère A une matrice $n \times n$ inversible et X et b deux vecteurs de $\mathbb{R}^n$.

$AX = b$ équivaut à, en multipliant à gauche par A^{-1} :

$A^{-1}AX = A^{-1}b$

soit :

$X = A^{-1}b$ est la solution du système

Si la matrice A n'est pas inversible, le système n'a pas de solution.

Résolution avec la méthode du pivot de Gauss

$AX = b$ est un système de n équations à n inconnues.

On peut utiliser la méthode du pivot afin de faire apparaître un système sous une forme triangulaire.

5. Formule de changement de base

Matrice de passage d'une base B à B′

Soit deux bases de $\mathbb{R}^3$: B = $\{e_1, e_2, e_3\}$ et B′ = $\{u_1, u_2, u_3\}$ et on considère que les vecteurs u_i s'expriment en fonction des vecteurs e_i :

$$u_1 = ae_1 + be_2 + ce_3$$
$$u_2 = de_1 + ee_2 + fe_3$$
$$u_3 = ge_1 + he_2 + ie_3$$

Ainsi, la matrice de passage de la base B à la base B′ est P :

$$P = \begin{pmatrix} a & d & g \\ b & e & h \\ c & f & i \end{pmatrix}$$

La matrice de passage de la base B′ à B est l'inverse de P = P^{-1}.

Coordonnées d'un vecteur X dans une nouvelle base B′ à partir de ses coordonnées dans l'ancienne base B

$$X = PX' \text{ avec } X = \begin{pmatrix} x_i \\ \vdots \\ x_n \end{pmatrix} \text{ et } X' = \begin{pmatrix} x_i' \\ \vdots \\ x_n' \end{pmatrix}$$

Où :

P est la matrice de passage de la base B à la base B′.

$\begin{pmatrix} x_i' \\ \vdots \\ x_n' \end{pmatrix}$ sont les coordonnées de X′ dans la nouvelle base B′.

$\begin{pmatrix} x_i \\ \vdots \\ x_n \end{pmatrix}$ sont les coordonnées de X dans l'ancienne base B.

Exemple :

Soit $B = \{e_1, e_2\}$ la base canonique (munie des vecteurs de la matrice identité) de $\mathbb{R}^2$ et $B' = \left\{\begin{pmatrix}1\\2\end{pmatrix}, \begin{pmatrix}5\\1\end{pmatrix}\right\}$.

On a :

$$\begin{pmatrix}1\\2\end{pmatrix} = e_1 + 2e_2$$

$$\begin{pmatrix}5\\1\end{pmatrix} = 5e_1 + e_2$$

La matrice P de passage de B à B′ est $P = \begin{pmatrix}1 & 5\\2 & 1\end{pmatrix}$.

Les coordonnées d'un vecteur X de $\mathbb{R}^2$ dans la base B′ sont données par la formule :

$X = PX'$

soit, en multipliant par P^{-1} à gauche, on a :

$P^{-1}X = P^{-1}PX'$ et $X' = P^{-1}X$

$$P^{-1} = (1/-9) \times \begin{pmatrix}1 & -5\\-2 & 1\end{pmatrix}$$

Et ainsi :

$$X' = \begin{pmatrix}-1/9 & 5/9\\2/9 & -1/9\end{pmatrix} X$$

6. Applications bilinéaires et formes quadratiques

Produit scalaire

Soit $X(x,y)$ et $Y(x', y')$ deux vecteurs de $\mathbb{R}^2$. Leur produit scalaire est défini par :

$\langle X, Y \rangle = xx' + yy'$

Pour deux vecteurs $X(x_1, x_2, ..., x_n)$ et $Y(y_1, y_2, ..., y_n)$ de $\mathbb{R}^n$:

$\langle X, Y \rangle = x_1y_1 + x_2y_2 + \ldots + x_ny_n$

Exemple :

$X = (1, 2)$ et $Y = (2, 6)$

$\langle X, Y \rangle = 1 \times 2 + 2 \times 6 = 2 + 12 = 14$

Si le produit scalaire de deux vecteurs est nul alors ces vecteurs sont orthogonaux et réciproquement.

Exemple :

Si $X = (1, 2)$ et $Y = (2, -1)$,

alors $\langle X, Y \rangle = 1 \times 2 + 2 \times (-1) = 2 - 2 = 0$ et X et Y sont orthogonaux.

Matrice associée à une forme quadratique

Une forme quadratique f de $\mathbb{R}^n$ dans $\mathbb{R}^n$, de matrice associée A $n \times n$, est définie pour tout vecteur X de $\mathbb{R}^n$ par $f(X) = {}^{T}XAX$.

Pour un vecteur $X = (x,y)$ de $\mathbb{R}^2$ et f de $\mathbb{R}^2$ dans $\mathbb{R}^2$, on a pour matrice associée à f :

$$A = \begin{pmatrix} \text{terme en } x^2 & \text{terme en } xy \\ \text{terme en } yx & \text{terme en } y^2 \end{pmatrix}$$

Pour un vecteur $X = (x, y, z)$ de $\mathbb{R}^3$ et f de $\mathbb{R}^3$ dans $\mathbb{R}^3$, on a pour matrice associée à f :

$$A = \begin{pmatrix} \text{terme en } x^2 & \text{terme en } xy & \text{terme en } xz \\ \text{terme en } yx & \text{terme en } y^2 & \text{terme en } yz \\ \text{terme en } zx & \text{terme en } zy & \text{terme en } z^2 \end{pmatrix}$$

Exemples :

$f(X) = x^2 + y^2 + 3xy$

Il faut changer légèrement la forme de f pour faire apparaître le produit $yx = xy$:

$f(x) = x^2 + y^2 + (3/2)xy + (3/2)yx$

$$A = \begin{pmatrix} 1 & \frac{3}{2} \\ \frac{3}{2} & 1 \end{pmatrix}$$

$f(x) = 2x^2 + 3y^2 - 2z^2 + 4xy - xz$

$$f(x) = 2x^2 + 3y^2 - 2z^2 + 2xy + 2yx - (1/2) \times xz - (1/2) \times zx + 0 \times yz + 0 \times zy$$

$$A = \begin{pmatrix} 2 & 2 & -\frac{1}{2} \\ 2 & 3 & 0 \\ -\frac{1}{2} & 0 & -2 \end{pmatrix}$$

Signature d'une forme quadratique

Pour déterminer le rang et la signature d'une forme quadratique q, il faut tout d'abord en donner une décomposition en « carrés ». Puis une fois que l'on a une expression de q comportant uniquement des carrés, on détermine leur nombre et on en déduit le rang et la signature de la forme quadratique.

Le rang de q est égal au nombre total de carrés dans l'écriture de q et la signature de q s'écrit sous la forme de deux entiers entre parenthèses :

(nombre de carrés positifs, nombre de carrés négatifs).

Par exemple, on considère la forme quadratique :

$$q(x, y, z) = x^2 + y^2 - z^2 + 2xy - 6yz$$

$$q(x, y, z) = (x + y)^2 - (z + 3y)^2 - 9y^2$$

Ainsi, q est écrite sous la forme de carrés uniquement.

Elle est écrite à partir de 3 carrés : son rang est donc 3.

Il y a dans l'expression de q un seul carré positif et deux carrés négatifs. Sa signature est donc : $(1, 2)$.

À retenir :

Signature de q = (nombre de carrés positifs, nombre de carrés négatifs)

Rang de q = nombre total de carrés = nombre de carrés positifs + nombre de carrés négatifs.

34/38, rue Camille-Pelletan - 92309 Levallois-Perret cedex
Imprimerie Darantiere - 21801 Quetigny
Imprimé en France - 1er trimestre 2010 - N° d'impression : 10-0363

Service éditorial : Marjorie Champetier, Elsa Goisnard, Deborah Lopez, Marie Tourat
Conception graphique : ScienTech Livre
Crédit photographique : © John Photon - Fotolia.com

Dépôt légal à parution
ISBN 978-2-7590-0945-9

Principes